LES POLLUTIONS ÉLECTROMAGNÉTIQUES

Dans la même collection

Bertrand Gonthiez. – **Réaliser et entretenir son puits**, G12519, 2009.

Bruno Béranger. – **Les pompes à chaleur**, 2e édition, G12652, 2009.

Paul de Haut. – **Habitat sain et sans allergène**, G12371, 2008.

Paul de Haut. – **Construire une maison non toxique**, G12253, 2008.

Chez le même éditeur

Paul de Haut. – **Vivre sain au quotidien**, G12475, 2009.

Catherine Levesque. – **Ma maison écologique**, G54214, 2008.

Isabelle Jouhanneau. – **Faire le bio-bilan de sa maison**, G12304, 2008.

LES POLLUTIONS ÉLECTROMAGNÉTIQUES

Frédéric Séné

EYROLLES

Éditions Eyrolles
61, bd Saint-Germain
75240 Paris Cedex 05
www.editions-eyrolles.com

Sommaire

Partie 2 – Diagnostics et solutions

Partie 3 – Annexes

Remerciements

Je tiens à remercier ici tous ceux qui ont participé et/ou qui m'ont encouragé à l'élaboration de ce livre.

Et plus particulièrement :

- Claude Bossard qui a toujours su se rendre disponible pour répondre à mes questions ;
- tous mes collègues du groupe www.habitat-durable.com qui m'ont soutenu depuis le début ;
- et Sandra Lafosse-Marin et Julien Pereira, qui m'ont aidé à réaliser ce livre. Merci aussi à eux pour m'avoir aidé dans mes recherches ainsi qu'à améliorer le site www.electrosmogprotec.com qui n'existerait pas sous cette forme sans leur intervention.

Encore merci au CRIIREM qui m'a permis d'ajouter à ce livre le résumé, réalisé par leur soin, du rapport Bio-Initiative.

Je tiens aussi à remercier tous les fournisseurs qui m'ont envoyé des échantillons pour que je puisse effectuer des tests des différentes techniques de protection.

Enfin un grand merci à vous qui allez parcourir cet ouvrage.

CONTACTS ET LIENS UTILES

Frédéric Séné au 01 69 44 51 10 et 06 17 02 56 69,
frederic.sene@habitat-durable.com.
Sandra Lafosse Marin au 06 24 22 46 41,
sandra.lafosse-marin@habitat-durable.com
Julien Pereira au 06 77 19 06 21,
julien.pereira@habitat-durable.com
Et les sites : www.habitat-durable.com
et www.electrosmogprotec.com

Depuis quelques années, les spécialistes attirent l'attention du grand public sur les risques sanitaires liés à l'habitat. Nous avons fait entrer dans notre habitat, sans nous en douter, une multitude d'appareils qui pourrait être néfastes pour notre santé : téléphones sans fil, téléphones portables, Wi-Fi, Babyphones et bien d'autres encore. Ils émettent des ondes électromagnétiques. Aujourd'hui, nous en possédons tellement que nous baignons littéralement dans un brouillard électromagnétique. C'est ce que nous appelons l'electrosmog.

Perte de sommeil, de mémoire, anxiété, fatigue, nervosité, stress, maux de tête… Une petite partie des scientifiques nous disent que ces troubles peuvent être dus à ce brouillard électromagnétique. Il aurait peut-être une véritable influence sur notre santé… et celle de nos enfants.

Aller plus loin

Cet ouvrage est réalisé en association avec l'annuaire Internet www.electrosmogprotec.com, qui référence les techniciens nous préservant des pollutions électromagnétiques.

Le but de cet ouvrage n'est pas de vous effrayer mais au contraire de vous expliquer ce que sont les ondes électromagnétiques qui forment ce brouillard, comprendre leur fonctionnement, leur provenance et surtout comment s'en préserver. Heureusement, des solutions existent.

Nous allons donc vous aider à créer, chez vous, des zones de travail, de repos et de sommeil avec le moins de pollutions électromagnétiques possible, et ceci en dessous des seuils d'intensité préconisés par les scientifiques précités.

PARTIE 1

ELECTROSMOG : EXPLICATIONS ET INCIDENCES

1 C'est quoi ces ondes ?

Vous avez tous entendu parler des ondes liées aux antennes relais... mais certainement moins de celles produites par votre téléphone sans fil. Vous avez tous entendu parler des champs électromagnétiques dus aux lignes haute tension... mais certainement moins de ceux produit par votre réveil-matin. Et pourtant, ce sont les mêmes, mais produites à des puissances plus faibles. Par exemple, dans le cas du téléphone portable la technologie utilisée est similaire à celle de l'antenne relais mais à des intensités beaucoup moins élevées. Ceci dit, un téléphone portable aura autant d'influence à quelques mètres qu'une antenne relais à quelques centaines de mètres...

DÉFINITION

Pour simplifier, nous dirons qu'il existe trois types de pollutions électromagnétiques dans l'habitat et qu'elles sont liées aux champs suivants :

- électriques ;
- magnétiques ;
- électromagnétiques hyperfréquences.

Au même titre que le feu, les champs électromagnétiques rayonnent. Une partie de ce rayonnement est dangereuse et l'autre inoffensive. Cependant, les champs électromagnétiques sont impalpables, inodores et invisibles. Nous pouvons imaginer la partie dite dangereuse autour de la source comme une sphère invisible de taille limitée.

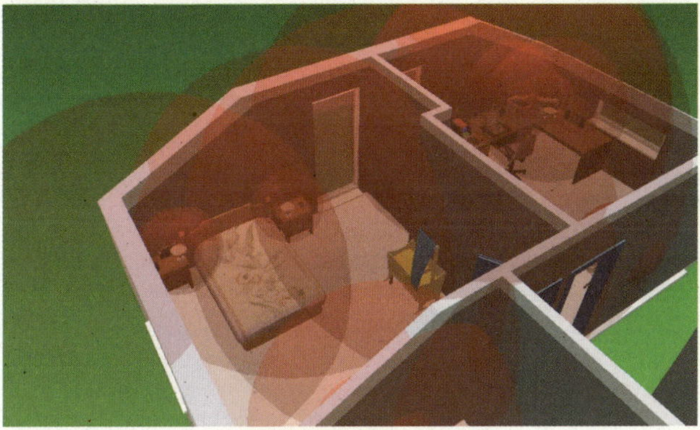

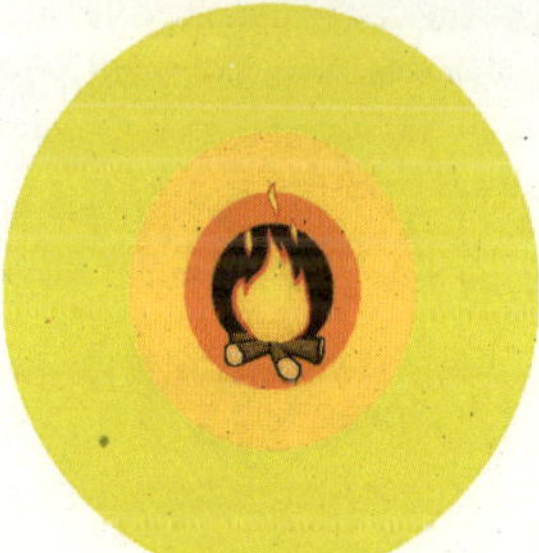

Comme avec le feu, plus on s'éloigne d'un champ électromagnétique, plus on en diminue l'impact sur notre organisme. Une première solution consiste donc à s'éloigner de la source de champ électromagnétique. Attention toutefois aux appareils dont les ondes se répercutent contre les parois et peuvent ainsi s'additionner les unes aux les autres.

Si on ne fait que passer la main dans la flamme d'une bougie, on ne se brûle pas. Il en est de même pour les champs électromagnétiques : moins vous passez de temps en présence d'un champ électromagnétique, moins les risques seront élevés. Au contraire, si on reste la main au-dessus de la flamme trop longtemps on se une brûlera. Par conséquent, le facteur temps importe beaucoup. Nous conseillons donc de réduire les temps d'expositions aux champs électromagnétiques.

De plus, tout dépend du type de flamme. En effet, même si vous êtes très rapide, vous avez tous les risques de vous brûler en passant la main dans la flamme d'un chalumeau. En comparaison, plus l'intensité du champ électromagnétique est importante plus les risques encourus le sont aussi. Il sera donc intéressant de mettre en œuvre des solutions qui permettront de réduire l'intensité de la source du champ électromagnétique.

Les pompiers n'éteignent pas de la même façon un feu de bois et un feu à base de produits pétroliers. En effet, pour chaque type d'incendie, et suivant son origine, ils auront une méthode d'extinction différente. Dans notre cas, plus la variation d'intensité et plus la fréquence de ces variations sont importantes, plus le risque augmente lors de l'exposition aux champs électromagnétiques. Ce phénomène est encore amplifié avec les ondes dites pulsées, c'est-à-dire envoyées par paquets afin d'augmenter la qualité et le débit des communications : cela serait plus néfaste pour notre santé.

UN CHAMP, DES CONSÉQUENCES

> L'incidence d'un champ électromagnétique dépend de son origine. C'est en fonction de celle-ci que nous devrons adapter des solutions.

INCIDENCES...

De la même manière que pour le feu ou les maladies, certaines personnes sont plus sensibles que d'autres aux champs électromagnétiques. Nous ne sommes malheureusement pas égaux face à ce type de pollutions.

Dans la plupart des cas, l'extinction et le débranchement seront les seules solutions envisageables. Cela peut paraître radical, mais en dernier recours, débrancher, arrêter ou mettre hors tension la source de champ électromagnétique permettra de mettre fin à leurs émissions.

Le problème des champs électromagnétiques est d'en déterminer le seuil de nocivité et la taille de la sphère nocive qui entoure la source de pollution. Ce sujet fait encore débat. La communauté scientifique s'accorde à reconnaître la nocivité des champs de très fortes densités. Cependant, ceux-ci sont interdits et réservés à des usages professionnels ou techniques, excluant ainsi toute exposition du commun des mortels.

2 Les ondes et la santé

En quoi des ondes électromagnétiques pourraient influencer notre santé ?

QU'EN EST-IL AUJOURD'HUI ?

Nous savons que notre corps fonctionne grâce à des impulsions électriques. Nous pouvons d'ailleurs en mesurer l'activité avec des appareils comme l'électroencéphalographe pour le cerveau ou encore avec l'électrocardiographe pour le cœur. Notons aussi que nos muscles et nos organes sont pilotés par des signaux électriques. Les champs électromagnétiques peuvent donc influer sur le corps humain.

Heureusement, la plupart des champs de notre environnement ne sont pas nocifs pour notre santé. Tout dépendrait, comme pour les produits toxiques, de la puissance et de la quantité à laquelle le corps a été exposé. Le rapport Bio-initiative, sur lequel nous nous appuyons, a été validé par l'AEE, (Agence européenne de l'environnement) et le Parlement européen, suite à un vote du 4 septembre 2008. Il a recensé 1500 études, celles-ci n'étant que des études indépendantes (non financées par les opérateurs téléphoniques ou par les fournisseurs d'électricité). Ce qui exclut donc une quantité importante des études à notre disposition : en effet, même si les conclusions d'une partie sont sûrement fortement orientées par leur commanditaire, d'autres restes certainement dignes d'intérêt.

Le rapport Bio-Initiative conclut en indiquant de nombreux risques pour la santé et nous donne des seuils d'expositions aux pollutions électromagnétiques à ne pas dépasser. À l'heure actuelle, rien ne nous permet d'affirmer que les pollutions électromagnétiques rencontrées dans la vie courante sont réellement nocives pour l'homme. Ce qui explique les polémiques récentes et le fait que les fournisseurs d'électricité et de téléphonie mobile soutiennent que l'« on ne risque rien ».

LE PRINCIPE DE PRÉCAUTION

Toutefois, nous pensons que, même si nous n'avons pas encore statué sur la nocivité ou non des pollutions électromagnétiques, rien ne nous empêche aujourd'hui, d'appliquer le principe de précaution en s'appuyant sur ce rapport. Et c'est bien ce que nous comptons faire au cours de cet ouvrage.

Aller plus loin

Vous trouverez dans les annexes le résumé du rapport Bio-Initiative, réalisé par le Centre de recherche et d'information indépendantes sur les rayonnements électromagnétiques (CRIIREM).

À la lecture du rapport Bio-Initiative, l'exposition chronique à des pollutions électromagnétique affecterait le bon fonctionnement biologique du corps humain. En effet, les ondes entraîneraient :

- Des dommages de l'ADN (génotoxicité), aboutissant à une modification des fonctions cellulaires, au cancer, ou à la mort de la cellule.
- La production de protéines de stress.
- Des dysfonctionnements du système immunitaire, dus à une « provocation chronique » des cellules de l'inflammation.
- Des troubles du comportement.
- Une augmentation du risque de tumeurs cérébrales.
- Des leucémies, en particulier la leucémie infantile.
- Une diminution de la production de mélatonine, hormone impliquée dans la régulation des rythmes biologiques (cette hormone protégerait aussi de la maladie d'Alzheimer et de certains cancers).

De plus, comme nous le dit le rapport Bio-Initiative, les risques dus aux pollutions électromagnétiques varient en fonction du temps d'exposition. Plus on passe de temps soumis aux pollutions électromagnétiques, plus les risques pour notre santé augmentent. Ils dépendent aussi de l'intensité du champ électromagnétique, qui elle-même varie en fonction de la distance qui nous sépare de la source de pollutions. Il est donc recommandé de s'éloigner de cette source.

ATTENTION

> Ne négligez pas les effets de réflexions des ondes sur les parois qui engendrent des zones où les ondes se recoupent et où l'intensité est plus élevée.

Un autre paramètre à prendre en compte est le type d'ondes émises par les appareils sans fils : afin d'augmenter la qualité et le débit des communications, il existe des ondes hyperfréquences dites pulsées (envoyées par paquets). Ce type d'ondes serait nettement plus néfaste pour notre santé.

➚ Des solutions existent !

Certains scientifiques nous mettent en garde contre les effets sur la santé des ondes électromagnétiques. Il existe souvent des solutions simples et peu coûteuses pour s'en prémunir (voir p. 30).

3 Les normes

Les normes françaises sont données par la Commission internationale de protection contre les rayonnements non-ionisants (ICNIRP). Elles s'appliquent à tous types d'exposition (pourtant il est bien précisé qu'elles ne sont pas adaptées aux expositions de longue durée).

LES DIFFÉRENTES NORMES

Voici les tableaux récapitulatifs des données tolérées.

Les normes françaises pour les extrêmement basses fréquences

Seuils	Champ magnétique	Champ électrique
Tout le monde	1 000 mG	5 000 V/m

Les normes françaises pour les hyperfréquences

Seuils	Champ électromagnétique hyperfréquences			
	450 MHz	900 MHz	1800 MHz	> 2 GHz
Tout le monde	29 V/m	41 V/m	58,2 V/m	61 V/m

Le rapport Bio-Initiative conclut par des seuils à ne pas dépasser.

Seuils du rapport Bio-Initiative

Seuils	Champ magnétique	Champ électromagnétique hyperfréquences
Tout le monde	2 mG	0,6 V/m
Enfants et femmes enceintes	1 mG	0,6 V/m

Seuil de la norme suédoise TCO3

Type de champs	Seuils
Champ électrique de 5 Hz à 2 000 Hz	10 V/m
Champ magnétique de 5 Hz à 2 000 Hz	2 mG
Champ électrique de 2 kHz à 400 kHz	1 V/m
Champ magnétique de 2 kHz à 400 kHz	0,25 mG

En marge de ce rapport et des études menées, nos investigations sur le terrain nous montrent que certaines personnes subissent des effets indésirables quand elles sont soumises, à plus ou moins long terme, aux pollutions électromagnétiques. Troubles neurovégétatifs, maux de tête, stress, nervosité, anxiété, fatigue, irritations cutanées, allergie, problème de fécondité, perte de sommeil. Ces effets sont constatés notamment quand elles sont exposées aux ondes pendant les périodes de repos et de sommeil.

Aller plus loin

Retrouvez, dans les annexes de cet ouvrage, le résumé réalisé par le CRIIREM, du rapport Bio-Initiative.

Nous pouvons aussi nous appuyer sur la norme suédoise TCO3 qui s'applique notamment aux matériels informatiques vendus dans le monde.

Une vie normale peut être retrouvée après l'élimination ou l'affaiblissement de la source de pollutions électromagnétiques. On s'aperçoit aussi que nous ne sommes pas égaux face à ces pollutions. En effet, alors que certaines personnes ne ressentent aucune incidence et ne développeront jamais de problèmes, d'autres, soumis à de faibles expositions de pollutions électromagnétiques, vont présenter un ou des symptômes cités précédemment. Pour cette dernière catégorie de personnes dites électro-sensibles (personnes que les pollutions électromagnétiques rendent malade), les seuils du rapport Bio-Initiative doivent être ramenés à des valeurs plus faibles. C'est pourquoi nous préconisons les seuils suivants.

Préconisations

Seuils	Champ électrique de 5 Hz à 2 000 Hz	Champ magnétique de 5 Hz à 2 000 Hz	Champ électrique de 2 kHz à 400 kHz	Champ magnétique de 2 kHz à 400 kHz	Champ électromagnétique hyperfréquences
Zone de travail	10 V/m max	2 mG max	1 V/m max	0,25 mG max	0,6 V/m max
Zone de repos	5 V/m max	0,5 mG max	1 V/m max	0,1 mG max	0,2 V/m max
Zone de travail ES	1 V/m max	0,5 mG max	1 V/m max	0,1 mG max	0,2 V/m max
Zone de repos ES	1 V/m max	0,1 mG max	1 V/m max	0,1 mG max	0,2 V/m max

ES : Électrosensible

LA PRISE DE TERRE

S'agissant de prise de terre vous entendrez deux sons de cloche.

Pour les électriciens, la terre est calculée en fonction du dispositif différentiel du logement. Le rôle d'une bonne prise de terre pour l'affaiblissement des pollutions électromagnétiques est de ramener la valeur du champ électrique à 1 V/m.

Donc, si l'on dispose d'un disjoncteur différentiel de 30 mA (ce qui donne un déclenchement à 20 mA) il est nécessaire d'avoir une terre de 50 ohms.

- 1V/m/0,02 = 50 ohms.

Si l'on dispose d'un disjoncteur différentiel de 300 mA (soit un déclenchement à 200 mA) il est nécessaire d'avoir une terre de 5 à 10 ohms.

- 1V/m / 0,2 = 5 ohms.

Les géobiologues, qui ont une autre perception de l'habitat, préconisent une terre de 5 à 10 ohms dans tous les cas.

Les champs électromagnétiques

Pour simplifier, comme nous l'avons déjà dit précédemment, nous considérerons qu'il existe trois types de pollutions électromagnétiques. Le champ magnétique, le champ électrique et le champ électromagnétique hyperfréquence. Ce dernier est en fait l'association du champ électrique et du champ magnétique à très haute fréquence.

LE CHAMP MAGNÉTIQUE

Dans nos maisons ou lieux de travail, les champs magnétiques sont produits, la plupart du temps, par le courant passant dans les câbles de l'installation électrique. Plus la puissance et l'intensité du courant nécessaire au fonctionnement de vos appareils sont importantes, plus le champ magnétique sera conséquent. Ce champ peut être amplifié par un effet de bobinage comme dans les transformateurs ou par le mouvement comme dans les moteurs.

L'intensité du champ magnétique s'exprime en gauss (G). L'éloignement et l'extinction de la source de pollutions sont malheureusement, et pratiquement, les seules solutions accessibles. En effet, il existe des métaux pouvant affaiblir le champ mais ils sont très rares et extrêmement coûteux.

LE CHAMP ÉLECTRIQUE

Quand on frotte une règle en plastique, celle-ci se charge en électricité statique. Il se crée un champ électrique autour de la règle capable d'attirer des bouts de papiers posés sur une table. Dans un lieu fermé, les champs électriques vont être produits par la phase (le fil de couleur rouge de votre installation électrique). Ce champ électrique est causé par la différence de potentiel entre le fil rouge et la terre. Même si vos appareils sont éteints, indépendamment de la présence d'un courant, un champ électrique sera créé. Suivant les matériaux utilisés, les champs électriques seront plus ou moins diffusés.

À SAVOIR !

> Les champs électriques ont la fâcheuse tendance à se diffuser le long des parois dont la résistivité est importante, comme le bois, les cloisons légères, le plastique...

Voici la liste des matériaux qui diffusent énormément le champ électrique :

- un composant métallique non relié à la terre ;
- un mur et plancher en bois ;
- le plastique.

Voici la liste des matériaux qui diffusent beaucoup le champ électrique :

- une cloison sèche à ossature métallique non reliée à la terre ;
- une cloison en brique sur un plancher en bois ;
- le verre non relié à la terre ;
- la céramique non reliée à la terre.

Voici la liste des matériaux qui diffusent moyennement le champ électrique :

- les huisseries en bois ;
- un mur avec ossature bois ;
- une cloison sèche avec ossature bois.

Voici la liste des matériaux qui diffusent peu le champ électrique :

- un mur en terre, brique, pierre, béton, etc. ;
- une dalle de béton, ciment, chaux ;
- une cloison en brique en contact avec la terre ;

- le verre en contact avec la terre ;
- la céramique en contact avec la terre.

Le matériau qui ne diffuse pas le champ électrique : le composant métallique relié à la terre.

VOCABULAIRE

> L'intensité du champ électrique s'exprime en volts par mètre (V/m). Il est facilement absorbable :
• soit en connectant à une prise de terre les parties métalliques de l'appareil émettant des champs électriques,
• soit en blindant les fils de phase et en reliant le blindage de ces derniers à la prise de terre.
Le blindage consiste à enrober le fil électrique avec une gaine conductrice et de relier ce dernier à la prise de terre. Une autre solution consiste à couper le circuit électrique de la pièce quand les appareils sont éteints. On peut aussi simplement s'éloigner ou éloigner la source de pollutions électromagnétiques. Pour plus d'informations, reportez-vous au chapitre consacré aux solutions, p. 30.

LES CHAMPS ÉLECTROMAGNÉTIQUES HYPERFRÉQUENCES

Les champs électromagnétiques hyperfréquences sont produits par les appareils sans fil. Que ce soit le téléphone GSM, le téléphone sans fil, le Babyphone ou encore le Wi-Fi, ces appareils sont faits pour porter à plusieurs dizaines de mètres voire quelques kilomètres. Bien entendu, les puissances nécessaires à de telles technologies sont importantes et la sphère de rayonnements potentiellement dangereuse est souvent de plusieurs mètres. De plus, comme les ondes se répercutent sur les parois et notamment sur celles à base de métaux (miroirs, portes blindées, isolants minces etc.) elles ont tendance à créer des bulles de pollutions électromagnétiques là où les ondes se croisent et s'additionnent les unes aux autres. Ces zones ne sont détectables que par mesure. D'où l'intérêt de faire intervenir un technicien spécialisé dans la détection des pollutions électromagnétiques. Pour les champs électromagnétiques hyperfréquences, on mesure :

- la densité de puissance qui s'exprime en $\mu W/cm^2$ (microwatt par centimètre carré)
- ou le champ électrique en V/m (volt par mètre).

Pour pallier ces pollutions, il existe plusieurs solutions.

La première est de se passer de tous ces appareils sans fil et d'utiliser des appareils filaires. Cette option peut paraître un peu radicale mais c'est pourtant la meilleure.

La deuxième solution est l'éloignement. Plus la distance entre vous et la source de pollutions électromagnétiques est importante et plus la densité de puissances sera faible. Cependant, ce n'est pas parce que vous êtes éloigné d'une source de pollutions électromagnétiques hyperfréquences que vous êtes sûr d'être dans une zone sans danger. En effet, comme nous l'avons déjà dit, les ondes hyperfréquences rebondissent et créent des bulles de pollutions en dehors des distances de sécurité préconisées.

La troisième solution est la cage de Faraday. Cette cage est métallique : les ondes produites à l'extérieur rebondissent sur ses parois et ne peuvent y entrer. Cette technique peut être utilisée pour isoler une partie ou une pièce entière.

Une dernière solution consiste à utiliser des écrans protecteurs composés de maille à base de métaux, comme le cuivre ou l'argent. Grâce à ces écrans, on peut créer une barrière efficace entre vous et une antenne relais en utilisant, par exemple, des rideaux pour les vitrages et de la peinture pour les murs.

Vous trouverez une liste des écrans vendus dans le commerce au chapitre dédié aux protections, p. 62 et 63. Toutefois, nous tenons à vous mettre en garde. Le principe de ces deux dernières protections est de créer un écran sur lequel les ondes extérieures rebondissent et n'entrent pas chez vous. Par conséquent, si vous possédez des appareils sans fil émettant des ondes hyperfréquences, celles-ci rebondiront à leur tour sur l'écran protecteur et s'ajouteront aux ondes déjà présentes dans la pièce.

ATTENTION

> Il est recommandé de faire des mesures pour être sûr de l'efficacité de la protection mise en place et de s'assurer qu'il n'y a pas de pollutions électromagnétiques produites par vos équipements.

5 Une bonne utilisation du téléphone portable GSM

Dans les appareils émettant des hyperfréquences, il en est un qui mérite toute notre attention : le téléphone portable GSM.

Tout d'abord, le téléphone portable GSM ne devrait pas être mis à disposition des enfants de moins de quinze ans. Les effets d'échauffement dus à cet appareil dans les tissus du cerveau humain le sont d'autant plus chez les enfants. Leur boîte crânienne est plus vulnérable parce qu'elle est plus tendre et que les tissus contiennent un pourcentage d'eau plus élevé.

RÉDUIRE LA PUISSANCE DES ONDES

D'abord, il faut bien choisir son portable. Vous avez la possibilité aujourd'hui, même si ce n'est pas l'idéal, de choisir votre téléphone en fonction de son Débit d'absorption spécifique (DAS ou SAR en anglais pour *Specific Absorption Rate*). Ce débit traduit la capacité qu'a le téléphone à réchauffer le cerveau. Dans les magazines spécialisés en téléphonie mobile, vous trouverez des comparatifs vous indiquant les DAS de votre appareil au même titre que sa couleur, sa capacité mémoire ou encore le nombre de pixels de sa fonc-

Conseil

Choisissez de téléphoner que quand toutes les barres s'affichent.

Évitez de bouger en téléphonant.

Désactivez les fonctions de communication inutilisées.

Attendez quelques secondes après avoir composé le numéro avant de mettre le téléphone à votre oreille.

Utilisez une oreillette.

tion photo. Choisissez donc un téléphone avec un DAS le plus faible possible.

Les créateurs de téléphones portables ont trouvé une petite astuce pour réduire les consommations de leurs téléphones et ainsi faire durer les batteries plus longtemps. Cela consiste à réduire la puissance du téléphone quand il a une bonne réception. Cette fonctionnalité est très intéressante, car, quand toutes les barres de réception s'affichent, on peut être sûr que celui-ci a diminué sa puissance pour économiser sa batterie.

S'il est donc préférable de téléphoner quand la réception est bonne, il est, bien entendu et a contrario, déconseillé de téléphoner dans des ascenseurs, des sous-sols, des caves ou tout autre lieu où la réception est mauvaise.

Cette même fonctionnalité est désactivée automatiquement dès que vous vous déplacez. Le fait de bouger informe le téléphone qu'il risque de perdre le réseau et donc il se met en puissance d'émission maximale. Que l'on soit à pied, en vélo, en voiture ou en transport en commun ne change rien à cet état de fait. Le téléphone augmente sa puissance dès que vous bougez. Donc quand vous téléphonez, restez immobile.

Quand vous commencez une communication attendez quelques instants entre le moment où vous composez votre numéro et celui où vous portez votre téléphone à l'oreille. Durant la mise en relation avec votre correspondant, le GSM émet aussi à pleine puissance.

Pensez aussi à désactiver les options de communication que vous n'utilisez pas. Le Bluetooth, le Wi-Fi et la 3G peuvent donc être désactivés pour réduire les émissions de pollutions électromagnétiques et augmenter l'autonomie de la batterie.

Le fait de téléphoner dans un véhicule est peu recommandé. Comme on vient de le dire dans un premier temps le fait que le véhicule se déplace enclenche automatiquement l'émission à pleine puissance du téléphone. De plus, la carrosserie métallique des différents moyens de transports crée une cage de Faraday. Elle vous renvoie les ondes, ce qui augmente encore le niveau de pollutions reçu. J'en profite pour rappeler aux conducteurs qu'il est interdit de téléphoner en conduisant, cela perturbe l'attention et augmente le risque d'accidents. Donc, pas de téléphone dans un véhicule quel qu'il soit.

AUGMENTER L'ÉLOIGNEMENT

Toutes les solutions sont bonnes à prendre pour vous éloigner ou éloigner la source de pollutions électromagnétiques. Même l'éloignement de quelques centimètres est une solution intéressante. Il faut savoir que l'intensité du champ électromagnétique varie de façon exponentiellement inverse à la distance.

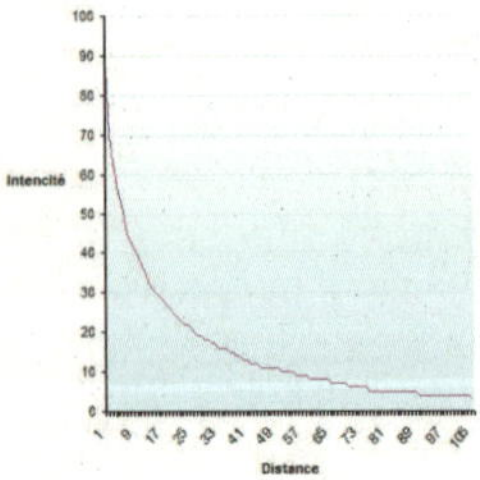

L'intensité diminue très rapidement dès que la distance augmente. Pour le téléphone portable, la méthode d'éloignement la plus efficace est l'oreillette. Même si elle est loin de vous faire sortir de la sphère dite nocive, c'est effectivement elle qui vous éloigne le plus de votre téléphone. À condition de ne pas le mettre dans votre poche, ce qui ne ferait que déplacer le problème de votre cerveau à votre cœur ou aux parties génitales. Posez votre téléphone portable loin de vous et utilisez l'oreillette pour converser.

Vous pouvez aussi utiliser le haut-parleur bien qu'il éloigne moins le téléphone de votre cerveau. Le fait de l'éloigner de quelques centimètres diminue grandement les effets d'échauffements et évite le contact direct avec le crâne.

Attention

L'antenne du téléphone portable se trouve souvent au niveau du micro et reste donc proche de votre tête.

Certains pourraient penser que le Bluetooth est « la solution ». Il n'en est rien. La communication entre le téléphone et l'oreillette Bluetooth est sans fil. Elle est en hyperfréquences donc émettrice de pollutions électromagnétiques. Utilisez l'oreillette filaire pour éloigner le téléphone.

Même quand vous n'utilisez pas votre téléphone, celui-ci continue à communiquer avec les antennes relais à une fréquence variant, suivant les modèles, de 3 à 10 minutes. Il est donc fortement conseillé de le mettre dans son sac et non dans sa poche (presque en contact direct avec la

Mises en garde

Il est fortement déconseillé de mettre votre GSM près des implants électroniques (pacemaker, pompes à insuline, neurostimulateurs, etc.) et éteignez-le dans les endroits à risques (hôpitaux, station-service, avions, etc.).

peau), ni sous son oreiller, ni sur sa table de nuit. Vous pourriez simplement perdre le sommeil ou en être affecté de bien d'autres manières, comme le montre une partie des études scientifiques.

DIMINUER LE TEMPS D'EXPOSITION

Une partie des études scientifiques nous montrent que plus on passe de temps exposé aux pollutions électromagnétiques, plus les risques sont élevés. Pour les mêmes raisons que précédemment, il est déconseillé de mettre son téléphone portable dans sa poche, sous son oreiller ou sur sa table de nuit. Les temps d'exposition sont considérables dans ces différentes situations.

Il est conseillé de limiter la durée des appels téléphoniques, que ce soit avec un téléphone portable GSM ou sans fils, portable ou de maison d'ailleurs. Des études montrent qu'à partir de 6 minutes de communication, des risques commencent à apparaître. Je vous conseille donc de faire des appels les plus courts possible. Vous pouvez, par exemple, annoncer à votre interlocuteur « je vous rappelle d'un fixe » (filaire bien entendu).

Pour ces mêmes études, les personnes utilisant leur téléphone portable plus de 20 minutes par jour sont considérées comme de gros consommateurs et sont identifiées comme population à risques. Alors que penser des forfaits illimités de vos enfants ou ceux de leurs copains qui leurs téléphonent à longueur de journées ?

PETIT RÉCAPITULATIF

- Ne pas mettre à la disposition des enfants de moins de 15 ans.
- Choisissez un téléphone avec un DAS le plus faible possible.
- Ne téléphonez que quand toutes les barres s'affichent.
- Ne vous déplacez pas en téléphonant.
- Attendez durant la mise en relation, avant de porter votre téléphone à l'oreille.
- Désactivez les options inutiles : le Bluetooth, le Wi-Fi ou la 3G.
- Ne téléphonez pas dans un véhicule quel qu'il soit.
- Utilisez l'oreillette filaire pour éloigner le téléphone.
- Mettez le téléphone dans votre sac
- Ne dormez pas avec votre téléphone.
- Écourtez vos communications.

PARTIE 2

DIAGNOSTICS ET SOLUTIONS

6 Le diagnostic

Comme nous l'avons dit précédemment, les pollutions électromagnétiques sont mesurables. Il est donc facile de savoir si dans un espace donné nous sommes soumis ou non aux pollutions électromagnétiques. Les scientifiques, ayant fait un travail de recherches important, ont déterminé des seuils à partir desquels ils ont pu constater des anomalies ou des changements sur le vivant. Le rapport Bio-initiative sur lequel nous nous appuyons détermine des valeurs à ne pas dépasser. Nous sommes donc en mesure de faire un diagnostic qui permettra d'identifier les zones à risques, les sources de pollutions électromagnétiques et de trouver des solutions adaptées en fonction du contexte.

POURQUOI UN DIAGNOSTIC PAR UN PROFESSIONNEL ?

La réponse est assez simple : dans un premier temps, un de vos appareils peut émettre plus de pollutions que ce que l'on a déjà rencontré et inventorié dans nos listes. Il est possible que vous soyez dans le cône d'émission d'une antenne relais sans que vous le sachiez (la dissimulation d'antenne relais est devenue un petit jeu très apprécié des opérateurs de téléphonie mobile).

Enfin, si vous habitez dans un appartement, vous ne pouvez savoir ce qu'il y a derrière le mur mitoyen ; seule une mesure et un diagnostic effectué par un professionnel peut répondre à ces questions.

QUE DOIT CONTENIR LE DIAGNOSTIC D'UN PROFESSIONNEL ?

Pour effectuer un bilan complet, les personnes les plus compétentes sont les professionnels ayant été sérieusement formés et ayant une bonne connaissance des pollutions électromagnétiques. Lors des mesures, il est important de pouvoir déterminer les sources des champs électromagnétiques. Un bilan complet comprend l'ensemble des prestations suivantes :

- Mesure des champs électriques, magnétiques et des hyperfréquences.
- Mesure de la terre.
- Vérification des raccordements à la prise de terre.
- Explications, informations sur les risques, apport de conseils.
- Propositions de solutions aux problèmes constatés.

Un rapport écrit doit être délivré. Il doit comporter :

- Un relevé des mesures.
- Les problèmes repérés et les solutions à y apporter.
- Les seuils de risques.
- Toutes les informations utiles à une évaluation du lieu.

7

Comment éviter ou réduire les pollutions électromagnétiques ?

Nous avons vu au cours de cet ouvrage qu'il existe une multitude de solutions pour faire face à la problématique des ondes électromagnétiques.

Je vous propose dans cette partie d'en faire le récapitulatif.

Il nous est possible de nous prémunir des pollutions électromagnétiques ou de les réduire (voir chapitre « État des lieux et distance de sécurité », p. 49). Il est souvent possible d'en éteindre la source ou de la remplacer.

On peut limiter les temps d'expositions aux différentes ondes (écourter les appels téléphoniques). On peut aussi augmenter la distance qui nous sépare de la source de pollutions (voir p. 50 à 99 pour les distances de sécurité) et regrouper les appareils pollueurs dans des espaces que vous aurez prévus à cet effet.

Dans les cas les plus extrêmes, notamment pour les personnes électro-sensibles et/ou celles équipées de panneaux solaires photovoltaïques, d'éolienne et de batteries, il peut être intéressant de passer son installation électrique en courant continu. L'avantage de cette solution est que n'ayant plus de fréquence et un courant constant il n'y a plus d'impact sur la santé. Une dernière méthode consiste à atténuer l'intensité des pollutions émises, suivant le type de champ électromagnétique…

ATTÉNUER L'INTENSITÉ DES CHAMPS PRODUITS PAR L'ÉLECTRICITÉ ET LES APPAREILS ÉLECTRIQUES

Deux types de pollutions électromagnétiques sont produits par l'électricité et les appareils électriques. Le champ magnétique et le champ électrique. Là aussi, plusieurs solutions s'offrent à nous et peuvent être utilisées indépendamment ou simultanément pour les atténuer.

Une première solution consiste à relier à la terre les parties métalliques de votre logement et des appareils électriques. Par exemple, le fait de connecter la partie métallique d'un lustre à la terre va éliminer le champ électrique qui peut atteindre jusqu'à 1,5 mètre de zone dite « nocive ».

ATTENTION !

> ...Quand sur un appareil, on voit le signe « deux carré », l'un dans l'autre, c'est qu'il est de type II (double isolation) et qu'il ne doit pas être relié à la terre.

Cette solution permettra d'atténuer fortement voire d'éliminer complètement les champs électriques produits par les parties métalliques de votre maison et des appareils électriques.

Vous pouvez aussi prévoir lors de la construction de votre maison la connexion à la terre des parties métalliques (huisserie, armatures du béton armé etc.). Toujours pour éliminer les champs électriques produits par les appareils électriques, on a la possibilité d'utiliser des câbles d'alimentations, des rallonges et/ou des multiprises blindées. Ces moyens de protection ne seront bien sûr efficaces que si on les branche sur des prises de courant ayant la terre.

On trouve, dans le culot de la lampe fluo-compacte, des composants électroniques qui permettent le bon fonctionnement de celle-ci. Ce circuit électronique produit des pollutions de fréquences variant de 25 à 50 kHz suivant les modèles.

À ce jour, la solution la plus adaptée à ce problème reste le blindage pour lampe fluo-compacte qui, une fois relié à la terre, atténue fortement le rayonnement produit par la lampe.

Créé par Claude Bossard, électricien spécialiste des environnements électromagnétiques et de l'électricité biocompatible, ce dispositif réduit fortement l'intensité des pollutions produites. Vous pouvez vous en procurer sur le site http://boutique.electromagnetique.com.

ATTENTION !

> Il existe dans le commerce des lampes fluo-compactes dites sans émission de pollutions électromagnétiques. Toutefois, pour l'instant, les tests ont révélé des pollutions électromagnétiques émises par ce type de lampe. J'en profite pour vous rappeler que ce type de lampe contient des polluants, comme le mercure par exemple, et elles doivent être impérativement recyclées soit en déchèterie soit par le revendeur de la nouvelle lampe.

Comme nous l'avons expliqué dans les chapitres précédents, les champs électriques ont la fâcheuse tendance à se diffuser sur le bois et les cloisons légères, et toutes parois dont la résistivité est importante (voir la liste des matériaux qui diffusent énormément le champ électrique, p. 16 et 17).

Pour atténuer cette pollution nous avons la possibilité de peindre la paroi posant problème avec une peinture spéciale que l'on relira à la terre grâce à des kits de connexion.

Ces techniques ne fonctionneront évidemment que si vous disposez d'une bonne prise de terre et d'une installation électrique distribuant celle-ci partout dans votre logement. Vous trouverez ces modes de protection dans les magasins de bricolage écolo et sur le web.

Aller plus loin

Avec l'annuaire Internet www.electrosmogprotec.com et le site www.flex-a-ray.com en référence des listes.

Réalisation d'une installation électrique bio-compatible ou biotique

Pour réaliser une installation électrique, il est obligatoire de respecter les normes en vigueur. En France, pour l'électricité, c'est la norme NF C15-100 qui s'applique et doit être respectée. Je conseille à toute personne désireuse de réaliser une installation électrique de se référer à celle-ci.

Aller plus loin

Vous trouverez aux Éditions Eyrolles, dans la collection « Les Cahiers du Bricolage » un petit guide fort bien fait sur la norme électrique NF C15-100 : *Les évolutions de la norme électrique.*

Dans la création d'une installation électrique bio-compatible, il est important d'organiser le passage des circuits électriques. Ainsi, la GTL (Gaine technique de logement), comportant le compteur et le tableau électrique à partir duquel tous les circuits électriques sont distribués dans l'habitat, ne sera pas proche des zones de travail de repos et de sommeil. Il peut être intéressant de prévoir, dans chaque pièce et plus particulièrement dans les chambres, des parois sans circuit électrique et notamment sur les cloisons non porteuses. En effet, elles ont une résistivité plus importante et diffusent plus facilement les champs électriques.

Vous devez aussi respecter les distances de sécurité préconisées (voir p. 52 à 56 et 84) notamment pour les prises de courants, les interrupteurs et les circuits électriques (à savoir respectivement 30 cm, 30 cm et 1 m).

Réaliser une bonne prise de terre

La prise de terre a deux fonctions.

La première permet d'assurer la sécurité des usagers de l'habitat en reliant toutes les parties métalliques des appareils électriques à la terre. Elle permet ainsi de créer un circuit de fuite à la terre dans le cas où un fil viendrait à entrer en contact avec la carcasse de l'appareil.

Associée à un disjoncteur différentiel, l'installation électrique sera automatiquement coupée dès qu'il y aura une différence d'intensité de courant entre la phase et le neutre, causée par une fuite à la terre d'une partie du courant.

Elle permet ainsi d'éviter l'électrocution d'une personne touchant la carcasse de l'appareil.

La seconde fonction permet d'évacuer le champ électrique à la terre et annule pratiquement ce dernier.

Le plus simple pour créer une bonne prise de terre pour un habitat en construction est de créer une boucle à fond de fouille. On étale un conducteur en cuivre d'une section de 25 mm^2 sous les fondations en suivant la périphérie de la maison. À la construction du logement on peut aussi installer un conducteur de 25 mm² enfoui dans une tranchée d'un minimum d'un mètre en profondeur ou encore l'installer en spirale dans un trou de 2 mètres de circonférence. Dans le cas d'une construction existante on peut utiliser des piquets ou des plaques en acier galvanisé, enfoncés dans la terre et reliés à la barrette de mesure via un conducteur en cuivre de 25 mm². Les connexions au conducteur devront être accessibles et protégées des intempéries : nous vous conseillons donc l'installation de regard.

Prise de terre par boucle à fond de fouille

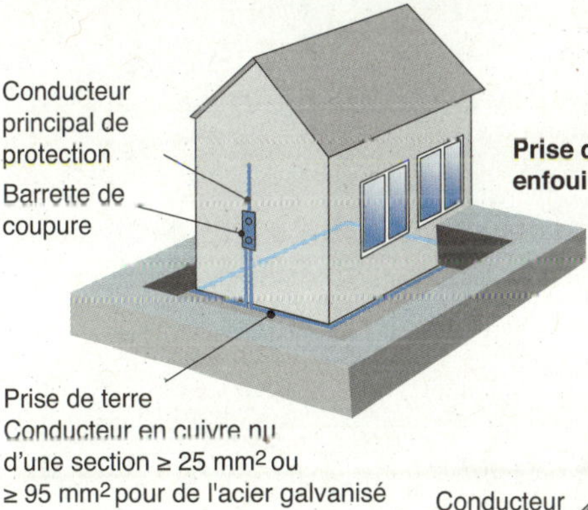

Prise de terre par conducteur enfoui dans une tranchée

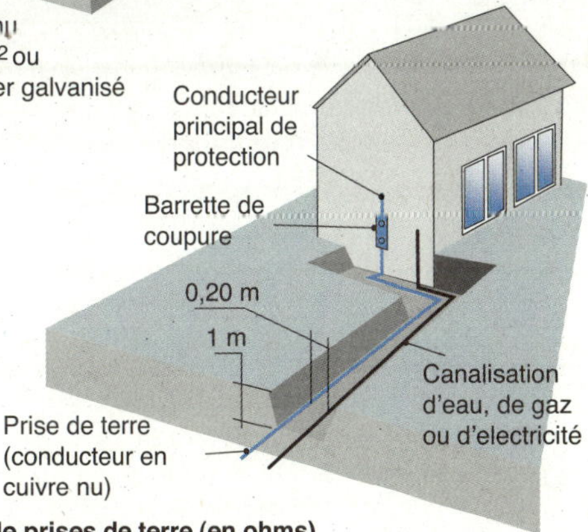

Exemple de valeurs de prises de terre (en ohms)

Prise de terre

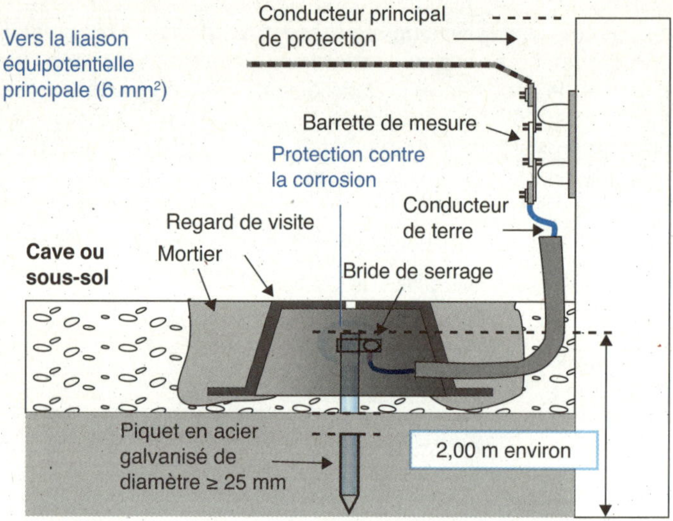

Piquet de terre

On comprendra que plus la résistance de la terre est faible plus elle sera efficace. On comprendra aussi que cette résistance variera en fonction de la nature du terrain et de sa résistivité et de la saison. En effet, la résistivité du terrain sera plus faible en hiver qu'en été. Il n'est pas rare de mesurer une terre qui est correcte en hiver et qui ne l'est plus en été.

Résistivité des sols selon leur nature

Nature des terrains	Résistivité en ohms.m
Argile plastique	50
Calcaire compact	1 000 à 5 000
Calcaire fissuré	500 à 1000
Calcaire tendre	100 à 300
Granit de grès selon altération	1 500 à 10 000
Granit de grès très altéré	100 à 600
Humus	10 à 150

Limon	20 à 100
Marne de jurassique	30 à 40
Marne et argile compacts	100 à 200
Micaschiste	800
Sable argileux	50 à 500
Sable siliceux	200 à 3 000
Schiste	50 à 300
Sol pierreux nu	1 500 à 3 000
Sol pierreux engazonné	300 à 500
Terrain marécageux	De quelques unités à 30
Tourbe humide	5 à 100

Nous avons la possibilité d'estimer la longueur des piquets ou des conducteurs enfouis dont nous aurons besoin pour réaliser la prise de terre, en fonction de la résistivité du sol et la valeur de la résistance voulue. Rappelons que les électriciens et les géobiologues ne considèrent pas la valeur de cette résistance de la même manière.

Pour les électriciens, la terre est calculée en fonction du dispositif différentiel du logement. Le rôle d'une bonne terre en pollution électromagnétique est de ramener la valeur du champ électrique à 1 V/m.

Donc si l'on dispose d'un disjoncteur différentiel de 30 mA (ce qui donne un déclenchement à 20 mA, il est nécessaire d'avoir une terre de 50 ohms.

1V/m / 0,02 = 50 ohms.

Si l'on dispose d'un disjoncteur différentiel de 300 mA (soit un déclenchement à 200 mA, il est nécessaire d'avoir une terre de 5 à 10 ohms.

1V/m / 0,2 = 5 ohms.

Les géobiologues, qui ont une autre perception de l'habitat, préconisent une terre de 5 à 10 ohms dans tous les cas.

Les formules permettant d'estimer la longueur des piquets ou des conducteurs enfouis sont les suivantes.

Conducteurs enfouis horizontalement :

Longueur du conducteur = 2 x Résistivité du sol/Résistance souhaitée

Plaques enterrées verticalement :

Périmètre de la plaque = 0,8 x Résistivité du sol/Résistance souhaitée

Piquets verticaux :

Longueur du piquet = Résistivité du sol/Résistance souhaitée

Avant de réaliser votre prise de terre, il est important de faire attention à l'environnement proche de l'endroit où vous voulez la réaliser. Évitez de l'installer à proximité d'un endroit comportant des perturbations électriques. Évitez donc la proximité de la prise de terre d'un transformateur électrique, d'une ligne de train, d'un pylône électrique, d'un relais de téléphonie mobile ou encore un piquet de terre d'une clôture électrique.

EXEMPLE

> Pour une prise de terre réalisée avec des piquets et ayant une résistance souhaitée de 10 ohms dans un sol de sable argileux que nous considérerons à une résistivité de 100 ohms.m. 100/10 = 10 m de piquet soit 5 piquets de 2 m.

On peut aussi prendre en considération que les géobiologues conseillent de réaliser la terre au nord, à plus de 4 mètres de la maison et pas à l'aplomb d'un cours d'eau souterrain.

La prise de terre étant un élément de sécurité important de votre installation, il me semble indispensable quelle soit vérifiée par un professionnel.

RÉDUIRE LES CHAMPS MAGNÉTIQUES

Le Mu-métal (alliage de nickel de fer) et le fer doux peuvent servir à dévier le champ magnétique grâce à la très forte perméabilité magnétique de ces matériaux. Malheureusement, ces alliages sont hors de prix et sont donc inaccessibles financièrement. Ils sont utilisés principalement pour la fabrication de blindages magnétiques de l'industrie, de la recherche ou des hautes technologies.

Pour limiter le champ magnétique produit par l'installation électrique, nous conseillons d'organiser votre réseau de façon à ce que la phase (le fil rouge) et le neutre (le fil bleu), qui alimente un appareil, passent bien par le même chemin pour l'aller et le retour, et, si possible, de les entremêler pour former une torsade. Les courants, passant dans ces deux câbles, étant de sens opposé, ils créent des champs magnétiques opposés qui s'annulent pratiquement s'ils sont à proximité l'un de l'autre.

Il existe aussi des câbles blindés spécialement conçus pour contenir les champs électromagnétiques. Ils sont composés d'un gainage en matériaux à base ferrite. Grâce à ce type de câble, vous allez réduire d'environ 50 % le champ magnétique produit par rapport à un câble standard.

CONSEIL

> Pour des raisons de sécurité ce type de câble ne peut être utilisé pour les salles de bains.

Je conseillerais ce type de câble dans le cas où vous alimentez des appareils de forte puissance (plusieurs kilowatts) et que le passage de câble est à proximité d'une zone de repos, car je le rappelle : rien n'arrête le champ magnétique, il va donc traverser aisément presque toutes les matières.

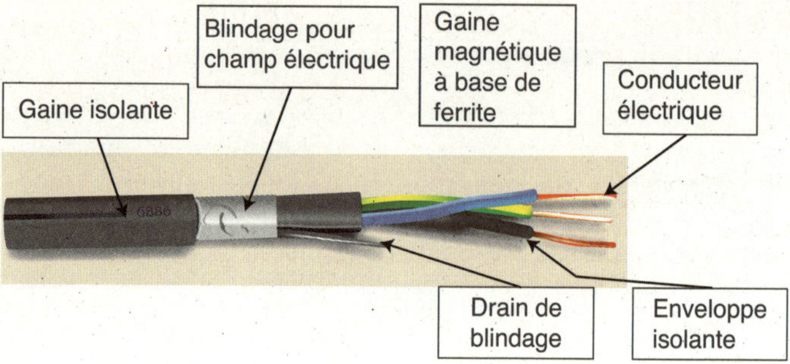

Câble blindé A

RÉDUIRE LES CHAMPS ÉLECTRIQUES

Comme nous l'avons vu, le champ électrique a la fâcheuse tendance de se diffuser le long des parois ayant une faible résistivité (voir p. 16-17). Il est important de bien prendre en considération cet état de fait. Privilégiez donc le passage des câbles électriques dans ou sur des matériaux de faible résistivité en contact avec la terre, comme une dalle béton/chanvre dont l'armature métallique est reliée à la terre. Évitez le passage des câbles électriques dans un plafond en bois. Privilégiez aussi le passage des circuits électriques dans une cloison sèche avec ossature métallique reliée à la terre. Si cela n'est pas possible, vous pouvez envisager la mise en place d'un circuit électrique blindé. Le but de ce blindage est de supprimer le champ électrique produit par la phase (le fil rouge) du circuit électrique. Le neutre n'a pas besoin d'être blindé, car il ne produit pas de champ électrique.

Deux solutions sont possibles :

- soit on utilise un fil de phase blindé dont on relie le drain à la prise de terre à une des deux extrémités ;
- soit on utilise des câbles blindés dont on reliera le drain à la prise de terre, ou bien des gaines blindées, elles-mêmes reliées à la prise de terre.

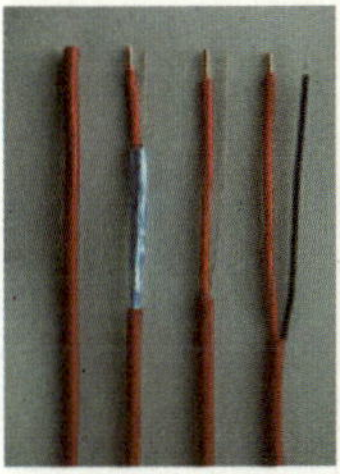

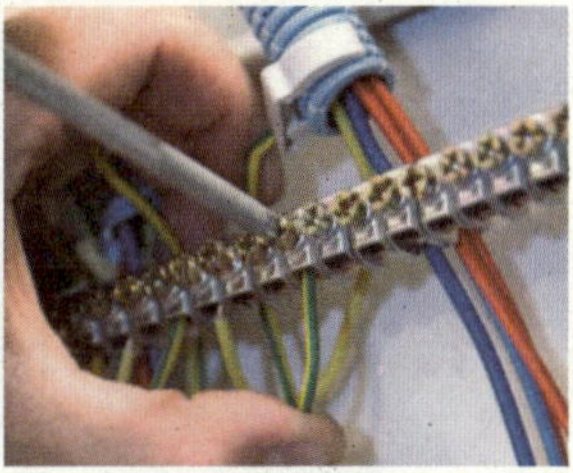

Les fils blindés

Le fil blindé s'utilise de la même manière qu'un fil traditionnel. Toutefois, pour qu'il puisse éliminer les champs électriques, vous devez connecter le drain à la prise de terre via une de ses extrémités. Il faudra isoler le drain à l'aide d'une gaine thermorétractable pour éviter les risques de court-circuit.

À NOTER

> Il faudra prévoir des gaines et des goulottes de capacité plus grande, car les fils blindés ont une section plus importante.

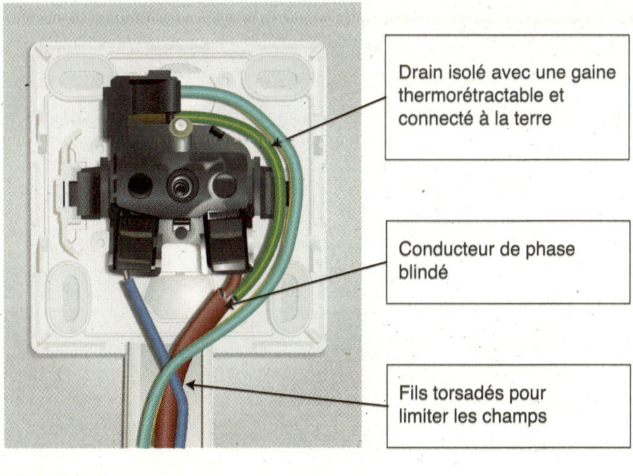

Câble blindé B

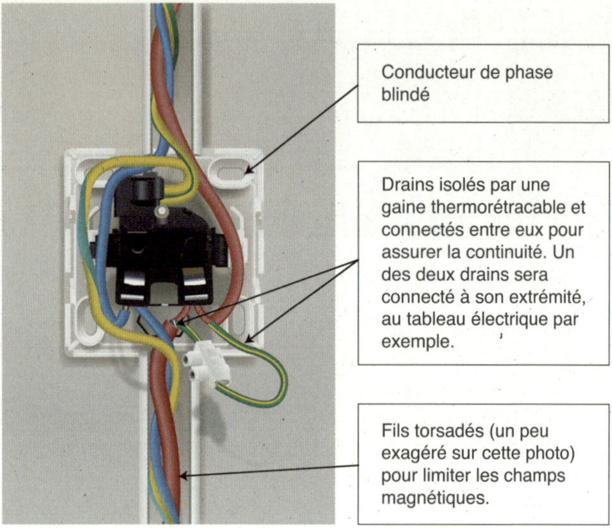

Câble blindé C

Le câble blindé

Le câble blindé s'utilise de la même manière qu'un câble traditionnel. Toutefois, pour qu'il puisse éliminer les champs électriques, vous devez connecter le drain à la prise de terre via une de ses extrémités. Il faudra isoler le drain à l'aide d'une gaine thermorétractable pour éviter les risques de court-circuit.

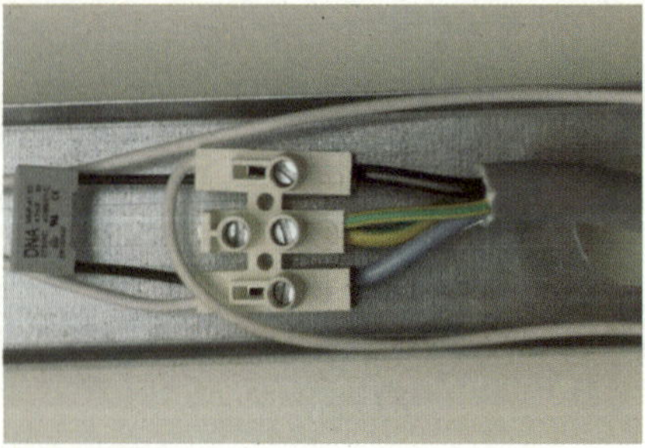

Les gaines blindées

L'utilisation des gaines blindées est assez simple.

Dans un premier temps, on les installe comme des gaines traditionnelles et on y fait passer des fils électriques standards.

Puis, on les connecte à une des extrémités à la prise de terre. Si une gaine fait plus de 15 mètres, il faudra la relier à la terre tous les 15 mètres.

Aller plus loin

Pour plus d'information www.flex-a-ray.com.

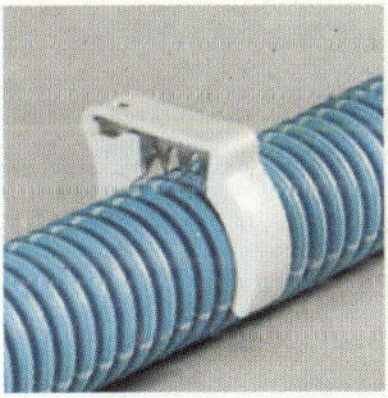

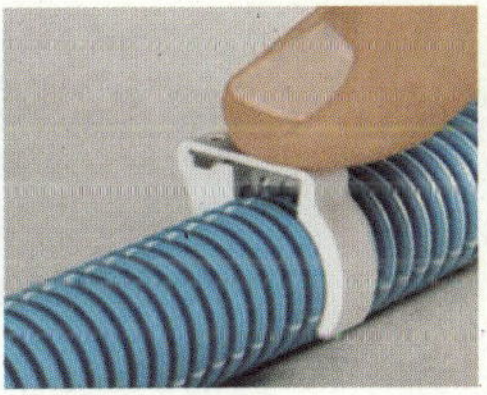

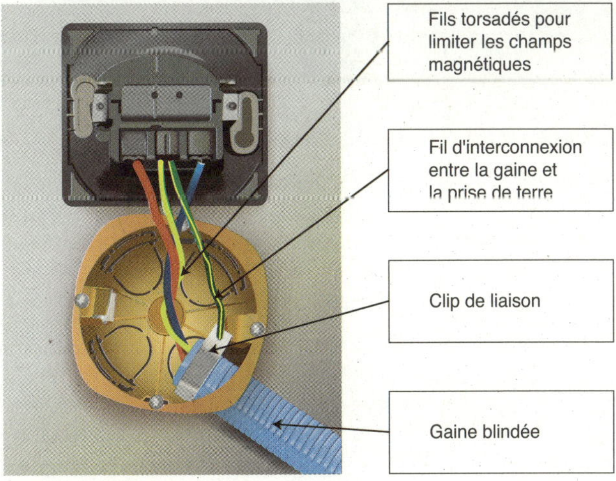

Câble blindé D

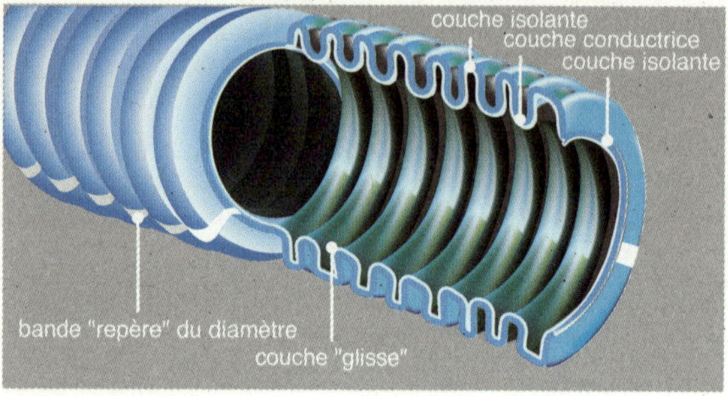

Câble blindé E

Les boîtiers blindés

Pour parfaire notre installation électrique et atténuer les champs électriques produits par les prises et les interrupteurs, il est conseillé d'utiliser des boîtiers blindés composés d'une fine couche de peinture conductrice à base de graphite. Une fois reliés à la prise de terre, le champ électrique est atténué.

L'interrupteur automatique de champ (IAC)

Le principe d'IAC est de couper l'alimentation électrique alternative et de la remplacer par une alimentation électrique en continu (non nocive), quand il n'y a plus de consommation d'énergie sur le circuit. Dès qu'un appareil s'allume, l'IAC rebascule l'alimentation pour fournir à nouveau un courant alternatif.

Cet appareil est particulièrement utilisé pour les installations déjà existantes et en particulier pour les chambres. Il s'installe au niveau du tableau électrique du logement et peut piloter plusieurs circuits. Dans ce cas il faudra simplement un disjoncteur avant l'IAC et un disjoncteur au départ de chaque circuit se trouvant après l'IAC. Idéalement, afin de respecter le rythme de vie de chacun, il est préférable, mais plus onéreux, d'installer un

IAC par pièce que l'on souhaite protéger. Il faudra toutefois faire attention aux appareils en veille qui consommeraient de l'énergie et ne permettraient donc pas à l'IAC de basculer le circuit électrique en tension continue.

RÉDUIRE LES CHAMPS HYPERFRÉQUENCES

La solution pour réduire les pollutions électromagnétiques de type hyperfréquences est l'installation d'écrans protecteurs composés de métaux comme le cuivre ou l'argent. On les installe entre la source de pollutions électromagnétiques et les occupants du logement. Grâce à ces écrans, on peut créer une barrière efficace entre soi et une antenne relais. En utilisant, par exemple, des rideaux pour les vitrages et de la peinture pour les murs, on crée un écran sur tout le côté d'une pièce.

ATTENTION !

> Je tiens à vous mettre en garde. Le principe de cette protection est de créer un écran sur lequel les ondes extérieures rebondissent et n'entrent pas chez vous. Par conséquent, si vous avez des appareils sans fils émettant des ondes hyperfréquences, celles-ci rebondiront à leur tour sur l'écran protecteur et s'ajouteront aux ondes déjà présentes dans la pièce. Il est recommandé de faire des mesures pour être sûr de l'efficacité de la protection mise en place et de s'assurer qu'il n'y a pas de pollutions électromagnétiques produites par vos équipements. Plusieurs types d'écran

hyperfréquence existent et malheureusement ces solutions restent relativement coûteuses : comptez entre 8 et 50 € le mètre carré de protection.

Les peintures

Les peintures que l'on peut appliquer sur les murs intérieurs ou extérieurs (ou toutes autres surfaces) sont généralement noires et nécessitent souvent l'ajout d'une ou plusieurs couches d'une autre peinture pour la décoration.

Les films à coller sur les vitres

Vous allez perdre un peu de luminosité, mais ils sont assez efficaces pour atténuer les hyperfréquences. En sachant que si vous avez des fenêtres avec des vitres à faible émissivité (conçues pour réduire les échanges thermiques grâce à une fine couche métallique invisible), elles font « écran » et vous n'avez donc pas besoin de protection supplémentaire au niveau de la vitre. Évidemment pour en être sûr il faut faire une mesure.

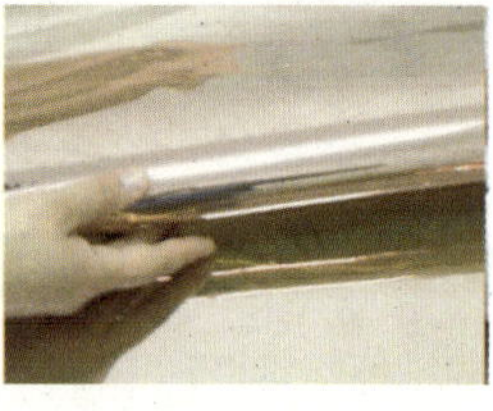

Les papiers peints

Enfin, il existe des papiers peints à appliquer sur les murs intérieurs.

L'isolant mince

Bien que pas très performants en termes d'isolation (d'ailleurs je ne les conseille pas pour cette utilisation), la plupart des isolants minces sont assez efficaces pour faire écran aux pollutions électromagnétiques, comme dans le cas d'une antenne relais.

ATTENTION !

Je vois trop souvent de sérieux problèmes suite à l'installation de ce type d'isolant dans les pièces aménagées sous les toits, et où se trouvent des sources de pollutions électromagnétiques, comme un téléphone sans fil ou encore un Babyphone. Ces appareils émettent en permanence des ondes qui se répercutent sur les parois isolées et viennent s'additionner à celles déjà produites.

Les tissus

Les tissus protecteurs hyperfréquences composés à base de cuivre ou d'argent maillé et de fibres peuvent être utilisés pour la réalisation de rideaux ou de baldaquin, ou même de vêtements.

LES AUTRES SOLUTIONS

Vous trouverez dans le commerce d'autres solutions que celles proposées ici. Toutefois, soyez vigilent, car il n'existe pas de solution miracle, que ce soit : les solutions qui annuleraient et/ou transformeraient les ondes négatives en ondes positives, les Oscillateurs magnétiques de compensation (CMO) qui créeraient une bulle de protection autour de l'appareil pollueur, le cactus ou tout type de pastilles à coller sur le téléphone portable…

Ils ne réduisent en rien les émissions de pollutions électromagnétiques. Des études montrent qu'ils ont un effet déstressant. Leur seule fonction est de déstresser les personnes qui les ont achetés en leur faisant croire qu'elles ne risquent plus rien. Si vous voulez réellement déstresser, appliquez plutôt les nombreux conseils de ce livre…

État des lieux et distances de sécurité

Nous vous offrons ici la possibilité de faire un pré-diagnostic de votre habitat. Dans le chapitre qui va suivre, vous retrouverez dans une énumération détaillée, que nous avons voulue exhaustive, les appareils et équipements qui émettent des pollutions électromagnétiques.

Dans un premier temps, nous vous communiquons la distance de sécurité conseillée et, dans un second temps, nous essayons de vous apporter quelques préconisations, des conseils et des mises en garde. Vous allez ainsi pouvoir créer chez vous des zones de travail, de repos et de sommeil comportant le moins de pollutions électromagnétiques possible.

Les distances que vous trouverez dans cet ouvrage sont des valeurs maximum réellement rencontrées chez nos clients. Cependant, des valeurs supérieures peuvent êtres rencontrées chez vous, notamment en cas de problèmes avec votre prise de terre. Ceci montre les limites de ce pré-diagnostic et l'utilité de faire intervenir un technicien pour l'effectuer.

Aller plus loin

Vous pouvez trouver un technicien près de chez vous sur le site www.electrosmogprotec.com

DE MANIÈRE GÉNÉRALE...

Dans ce chapitre, nous vous conseillons de réaliser la mise à la terre de certains appareils. Bien sûr, ces travaux électriques doivent être effectués par des professionnels et dans le respect des normes en vigueur.

L'halogène transfo et câbles

Distance de sécurité : 1 mètre

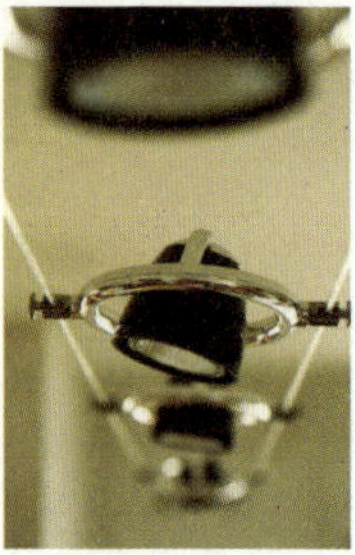

Le câble d'alimentation produit un champ électrique et le transformateur produit un fort champ magnétique.

PRÉCONISATIONS

> Préférez l'usage d'un autre type d'éclairage ou placez ce type de luminaire à une distance suffisante des zones où l'on stationne pendant longtemps (canapé, lit, bureau, plan de travail, etc.).
Attention aussi à ce qui se trouve au-dessus (le lit d'une chambre à l'étage par exemple).

Mise en garde

Attention à l'écartement des câbles et au transformateur qui produisent de forts champs magnétiques.

L'halogène 220 V

Distance de sécurité : 0,6 mètre

Le câble d'alimentation de l'halogène produit un champ électrique important.

Mise en garde

Attention aux lampes basse consommation qui émettent des pollutions électromagnétiques jusqu'à 80 cm.

PRÉCONISATIONS

> Placez ce type de luminaire à distance suffisante des zones où l'on stationne pendant longtemps (canapé, lit, bureau, plan de travail, etc.).
Une autre solution consiste à installer dans une pièce plusieurs lampes basse consommation, à des endroits éloignés. Ceci donne une atmosphère bien plus chaleureuse, au total un éclairage de même puissance, et il vous fera réaliser de fortes économes d'énergie.
Branchez impérativement cet appareil à une prise ayant la terre.

La lampe basse consommation ou tube fluo-compact

Distance de sécurité : 0,8 mètre

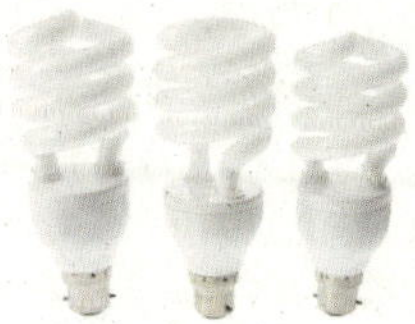

On trouve, dans le culot de la lampe fluo-compacte, des composants électroniques qui permettent le bon fonctionnement de celle-ci. Ces composants produisent des pollutions de fréquences variant de 25 à 50 kHz suivant les modèles. Les ampoules à incandescence émettent moins de pollutions électromagnétiques que les lampes fluo-compactes. Avec les nouvelles réglementations les ampoules à incandescence ne seront plus autorisées à la vente à cause de leur forte consommation énergétique.

Mise en garde

Il existe dans le commerce des lampes fluo-compactes dites sans émissions de pollutions électromagnétiques. Toutefois, pour l'instant, les tests ont révélé des pollutions émises par ce type de lampe.

PRÉCONISATIONS

> À ce jour, la solution la plus adaptée à ce problème reste le blindage pour lampe fluo compact. En effet, en blindant vos câbles, fils, boîtiers, vous éviterez au mieux ce type de pollution. Créé par Claude Bossard, électricien spécialiste des environnements électromagnétiques et de l'électricité biocompatible, ce dispositif, une fois relié à la prise de terre, réduit fortement l'intensité des pollutions produites. Vous pouvez vous en procurer sur le site http://boutique.electromagnetique.com.

Les circuits électriques

Distance de sécurité : 1 mètre

Le champ électrique, produit par la phase (le fil rouge de l'installation) et le champ magnétique, produit par le courant, passent dans un même fil qui et créent ainsi des pollutions électromagnétiques.

PRÉCONISATIONS

> Il est très important de bien choisir l'emplacement des câbles qui vont alimenter notamment vos radiateurs. Évitez de faire passer le câblage alimentant de vos appareils derrière la tête de lit, l'arrière des canapés et des zones de repos.
Si vous habitez une maison en bois ou si un circuit électrique passe par votre tête de lit, il sera peut-être nécessaire de faire intervenir un électricien spécialisé dans les installations bio-électriques. Reportez-vous au chapitre sur les solutions pour plus d'informations sur les installations électriques bio-compatibles, p. 33.

L'alimentation électrique, le compteur, le tableau électrique

Distance de sécurité : 1 mètre pour chaque appareil

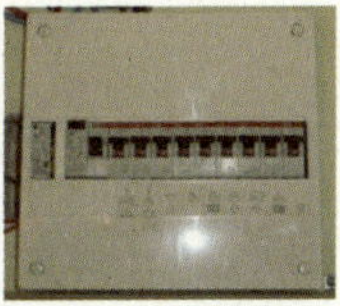

Toute l'électricité de votre logement passant par la gaine d'alimentation électrique, le compteur et le tableau électrique, les pollutions électromagnétiques produites sont importantes.

PRÉCONISATIONS

> Pour le champ électrique il existe des peintures dont on peut enduire le mur où seront fixés ces équipements. La peinture détournera le champ électrique et en éliminera une grande partie.
Pour le champ magnétique, seul l'éloignement peut permettre d'en atténuer l'intensité. Vous pouvez donc vous éloigner du compteur ou l'éloigner de vous. Évidement la deuxième solution est moins évidente à moins que vous envisagiez de construire ou de refaire complètement votre installation électrique.
Vous n'allez tout de même pas couper le courant !

Mise en garde

Un client m'a raconté qu'à la naissance de son enfant il avait placé le berceau de celui-ci sous le compteur et le tableau électrique. À l'époque il ne comprenait pas pourquoi le nouveau-né avait en permanence un teint jaunâtre… qui disparaissait pour laisser place à de belles joues bien roses quand le bébé était en garde chez ses grands-parents. Puis, plus tard, il décida sous les conseils d'un amie géobiologue de déplacer le lit du bébé. Résultat, au bout de quelques jours celui-ci avait retrouvé son teint naturel. À méditer non ?

La climatisation et les pompes à chaleur

Distance de sécurité : 0,5 mètre

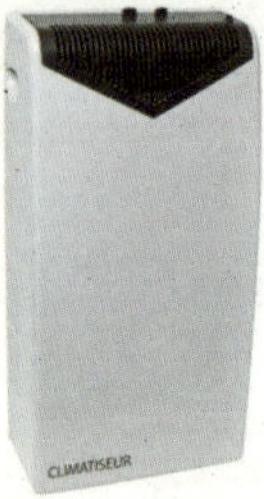

Le compresseur qui permet donc de compresser un gaz afin de produire un transfert de calories crée un champ magnétique par la rotation de son moteur.

PRÉCONISATIONS

> L'éloignement est la seule solution pour réduire l'intensité du champ magnétique. Évitez toutes les zones de repos à proximité immédiate de ce type d'appareil.

Le plancher électrique

Distance de sécurité : 3 mètres

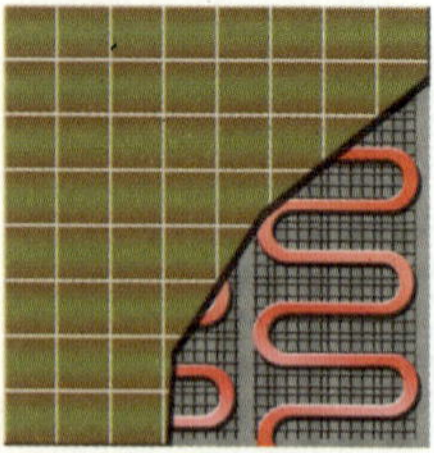

Le plancher chauffant électrique est une énorme résistance électrique et à ce titre, il crée un champ magnétique très, très important.

PRÉCONISATIONS

> Il n'existe pas de solutions à ce jour pour se protéger de ce type d'équipement. Je préconise donc le changement de mode de chauffage.

Mise en garde

Vu la distance de sécurité, attention aux pièces situées au-dessus et en dessous qui, elles aussi, sont confrontées aux pollutions électromagnétiques.

Des études montrent une augmentation des cancers, notamment des leucémies chez les enfants, pour les personnes étant confrontées à de forts champs magnétiques.

Attention aux femmes enceintes. En effet, certains scientifiques pensent que les fortes pollutions électromagnétiques produites par les champs magnétiques pourraient être la cause de fausses couches.

Le ventilateur-insert

Distance de sécurité : 1,2 mètre

Le ventilateur qui permet à l'air de circuler autour du foyer crée un champ magnétique à cause de la rotation de son bobinage. En général, nous sommes souvent à plus de 50 cm du feu. Ce qui va nous intéresser ici, c'est le champ électrique qui peut aller jusqu'à 1,20 mètre. Celui-ci est dû à l'alimentation électrique et plus particulièrement la phase (le fil rouge).

PRÉCONISATION

> L'éloignement est la seule solution pour réduire la puissance du champ magnétique. Pour ce qui est du champ électrique, la solution serait de faire brancher, par un électricien, la carcasse métallique de celui-ci à la prise de terre.

Mise en garde

Il est interdit de brancher un appareil de type classe II à la prise de terre et donc de modifier ce type d'appareil : toute modification peut engendrer des défauts et avoir des conséquences dangereuses sur votre installation.

Le radiateur électrique

Distance de sécurité : 1,5 mètre

Les pollutions électromagnétiques vont être produites d'une part par la résistance du radiateur, qui va créer un champ magnétique non négligeable, et d'autre part, par le fait que cet appareil est rarement mis à la terre (appareil type classe II). Les parties métalliques rayonnent un fort champ électrique.

Mises en garde

Rappel : vous ne devez surtout pas mettre un radiateur classe II à la terre et donc modifier ce type d'appareil car toute modification peut engendrer des défauts et avoir des conséquences dangereuses.

PRÉCONISATION

> L'éloignement est malheureusement la seule façon de se préserver de ce type d'appareil. Si le radiateur électrique n'est pas de type classe II il faut le faire relier à la terre par un électricien affin d'éliminer une grande partie du champ électrique.

L'alimentation du radiateur

Distance de sécurité : 0,6 mètre

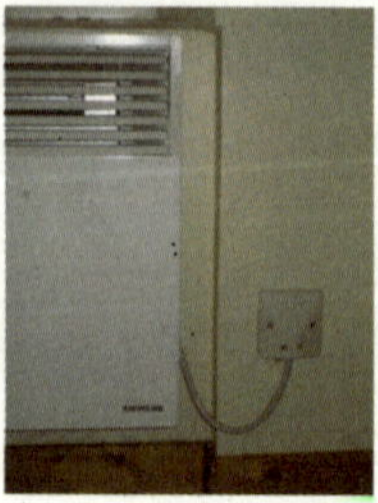

Le champ magnétique produit par le courant passe dans le circuit électrique qui alimente le radiateur et crée des pollutions électromagnétiques.

PRÉCONISATION

> Ce sont les mêmes que pour un circuit électrique, **voir p. 52.**

La multiprise

Distance de sécurité : 0,3 mètre

Une multiprise n'émet pas forcément un fort champ électrique, bien que, posée sur un plancher ou un bureau en bois, ellee puisse créer de fortes perturbations qui vont être propagées par ceux-ci. Ce sont souvent les appareils branchés dessus qui émettent des pollutions électromagnétiques.

PRÉCONISATIONS

> Branchez impérativement cet appareil à une prise ayant la terre, pour votre sécurité et celle de vos appareils. Cela réduira aussi les pollutions électromagnétiques. Vous pouvez aussi préférer des multiprises blindées. Je vous conseille de faire installer par un électricien des prises supplémentaires et si possible de bannir ce type d'équipement.

Mise en garde

Attention à ne pas dépasser la puissance préconisée par le constructeur (par exemple : 3 500 watts pour 16 ampères) cette puissance représente évidemment la somme des puissances des appareils branchés sur la multiprise…

La porte de garage

Distance de sécurité : 0,6 mètre

Ce sont le moteur et le transformateur de la porte de garage qui produisent un champ magnétique. Ils sont souvent placés au plafond.

PRÉCONISATION

> Dans la plupart des cas, pas de problème : on ne fait que passer en dessous.

Mise en garde

Attention toutefois aux pièces situées au-dessus d'un garage d'immeuble et notamment si vous placez un lit ou plus simplement un matelas au sol comme je le vois souvent chez les étudiants. Les pollutions électromagnétiques traversant le plancher, vous pouvez être soumis aux pollutions produites par le moteur et le transformateur de la porte de garage

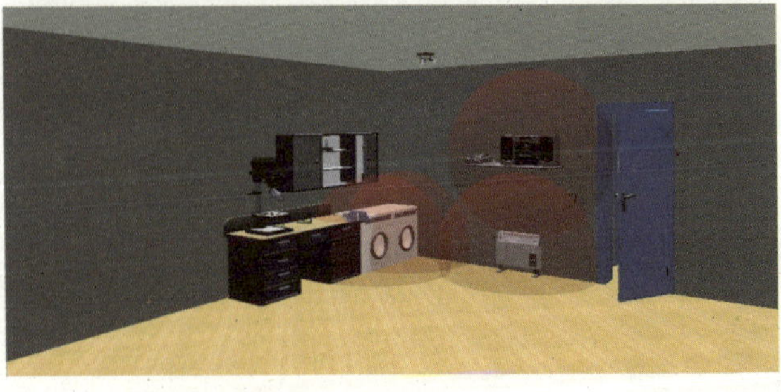

L'alarme sans fil

Distance de sécurité : 1,5 mètre

Comme le Wi-Fi ou le téléphone sans fil de maison, les alarmes peuvent émettre des pollutions électromagnétiques de type hautes fréquences.

PRÉCONISATIONS

> Deux solutions s'offrent à vous.
La première est l'éloignement (plus de 1,5 mètre).
La seconde consiste à créer un écran entre l'appareil et vous et ainsi diminuer l'intensité des pollutions électromagnétiques.
Attention toutefois à bien vérifier que votre alarme est toujours efficace. Vous pouvez aussi choisir une alarme dont les sondes sont reliées par câbles à la centrale.

LE SALON ET LES PIÈCES À VIVRE

Le téléphone sans fil (DECT)

Distance de sécurité : 2,5 mètres

La plupart des bases des téléphones sans fil émettent en permanence des pollutions électromagnétiques hautes fréquences de forte puissante, car elles sont prévues pour porter à plus de 120 mètres.

Hors communication, base et combiné communiquent en permanence.

PRÉCONISATIONS

> Plusieurs solutions s'offrent à vous.
La première est l'éloignement (plus de 3 mètres).
La seconde consiste à créer une cage de Faraday.
L'objectif est de casser le signal et d'affaiblir l'intensité du signal. Attention toutefois aux effets de rebonds et de croisement des ondes qui peuvent produire de petites zones de pollutions électromagnétiques au-delà de la distance de sécurité.
La dernière solution, bien plus raisonnable, est d'utiliser tout simplement un téléphone filaire...

Mise en garde

Il est très important de ne pas placer ce type d'appareil près du canapé, sur la table de nuit ou près des endroits où l'on reste statique pendant de longs moments. Une étude montre que les effets du téléphone sans fil (DECT) a des conséquences similaires aux conclusions d'autres études sur le téléphone portable GSM (voir p. 24).

Le transfo portable GSM

Distance de sécurité : 0,6 mètre

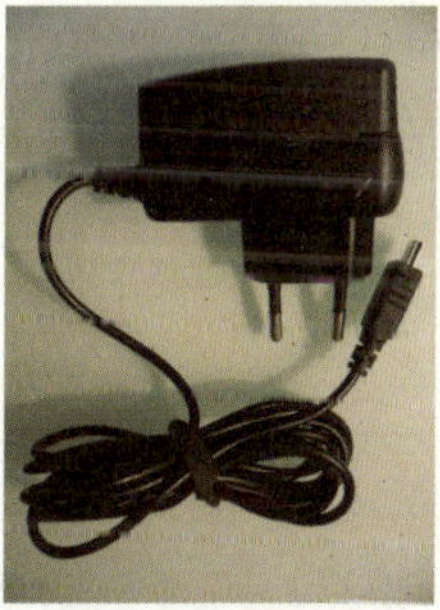

Comme tout transformateur, il crée un fort champ magnétique.

PRÉCONISATIONS

> Pour tous les appareils contenant un transformateur, nous avons peu de solutions.
L'éloignement est malheureusement la seule façon de se préserver de ce type d'appareil.
Évitez, comme je le vois trop souvent, de brancher votre chargeur de téléphone portable sur une prise électrique à proximité... Il n'est pas recommandé de brancher et mettre en charge votre GSM pour l'utiliser comme réveil, car vous subissez toute la nuit les deux pollutions et augmentez ainsi les risques pour votre santé.

Les diffuseurs, purificateurs d'air, fontaines d'appartement, brumisateurs

Distances de sécurité :

Les diffuseurs : 0,9 mètre

Les purificateurs : 0,8 mètre

Les fontaines d'appartement : 1 mètre

Les brumisateurs : 0,7 mètre

Avec ces types d'appareils, les problèmes viennent des champs magnétiques produits soit par le mouvement du moteur interne soit par le transformateur et le champ électrique produit par le câble d'alimentation.

PRÉCONISATIONS

> L'éloignement est malheureusement la seule façon de se préserver de ce type d'appareil.
Évitez toutes zones de repos à proximité immédiate.

L'écran plat

Distance de sécurité : 0,5 mètre

Comme tout appareil électronique, il comporte un transformateur et donc crée un champ magnétique. Dans la plupart des cas, l'écran plat n'est pas réellement un problème, car il est placé suffisamment loin de nous.

PRÉCONISATIONS

> Branchez si possible cet appareil à une prise ayant la terre.
En règle générale nous sommes à des distances suffisantes pour ne pas être soumis à ses pollutions électromagnétiques.

La télé à écran cathodique

Distance de sécurité : 1,5 mètre

Les champs électromagnétiques produits par un tube cathodique peuvent être importants.

PRÉCONISATIONS

> L'éloignement est malheureusement la seule façon de se préserver de ce type d'appareil.

Mise en garde pour vos télés !

Il ne faut pas oublier la fâcheuse habitude des enfants à s'approcher très près de la télé !

Prenez aussi en considération ce qu'il y a derrière le mur de la télé, car, je vous le rappelle, les pollutions électromagnétiques traversent les murs !

La chaîne Hi-Fi et la radio

Distance de sécurité : 0,4 mètre

Contrairement à ce que l'on pourrait penser, ce ne sont pas les ondes qui vont poser problèmes. Votre chaîne Hi-Fi (ou votre radio) ne fait que recevoir et n'est donc pas émettrice d'ondes radio. En fait, ici, nous sommes confrontés à deux pollutions. Le champ magnétique produit par le transformateur et le champ électrique produit par la phase de l'alimentation électrique.

PRÉCONISATION

> Aucune. Les radios ou les chaine Hi-Fi ayant rarement, voire jamais de prise de terre, elles ne peuvent être reliées à cette dernière pour affaiblir le champ électrique.
Placez-les suffisamment loin ou utilisez des piles rechargeables ou encore mieux une radio fonctionnant au solaire.

Mise en garde

Attention au câble d'alimentation qui, en contact avec un plancher ou un meuble en bois, peut produire des champs électriques importants allant jusqu'à 1,5 mètre.

Les amplis

Distance de sécurité : 0,6 mètre

Comme tout appareil électronique, l'ampli guitare comporte un transformateur et donc crée un champ magnétique.

PRÉCONISATIONS

> Vous ne devez pas vous asseoir sur l'ampli pour jouer de la guitare par exemple ou d'un quelconque instrument de musique.
Respectez la distance de sécurité.
Débranchez l'appareil après utilisation, cela vous évitera les pollutions électromagnétiques et évitera la consommation due à la veille.
Branchez impérativement cet appareil à une prise ayant la terre.

La console de jeux

Distance de sécurité : 0,5 mètre

La console de jeux comme tout appareil électronique comporte un transformateur et donc crée un champ magnétique. J'ai pu observer au cours des bilans effectués chez mes clients que même éteints les appareils électroniques, faute d'avoir un vrai interrupteur, continuent à créer des champs magnétiques et à consommer de l'énergie.

PRÉCONISATIONS

> L'éloignement est une bonne solution pour ce type d'appareil.
Branchez la console sur une multiprise blindée ayant un interrupteur bipolaire. Une fois en position « éteint », il empêchera la propagation du champ électrique et coupera correctement l'alimentation de l'appareil, ce qui ne produira plus de champ magnétique et, cerise sur le gâteau, économisera une consommation due à la veille.
Évitez l'installation de ces consoles sur une table collée au lit de l'enfant, ce qui favorise la diffusion du champ électrique.
Attention aussi aux manettes de jeux sans fils qui émettent une petite pollution électromagnétique hautes fréquences de 30 à 50 cm. Préférez donc les manettes de jeux avec fils.

Mises en garde

Il ne faut pas oublier la fâcheuse habitude des enfants de s'approcher très près de la télé, qui, comme nous l'avons indiqué plus haut, peut créer une bulle de pollutions électromagnétiques de 1,5 m.

Le fauteuil relaxant

Distance de sécurité : 0,8 mètre

Les nombreux moteurs du fauteuil relaxant produisent des champs magnétiques importants.

PRÉCONISATIONS

> Il est donc préférable de limiter les séances de massages prodigués par ce type d'appareil. Branchez-le impérativement à une prise ayant la terre. Enfin débranchez le fauteuil après utilisation ou après le réglage voulu.

L'aquarium

Distance de sécurité : 1,5 mètre

Voilà le bilan d'un aquarium : des moteurs, des transformateurs, de l'éclairage et souvent sans prise de terre, résultat, des pollutions électromagnétiques !

PRÉCONISATION

> Respectez la distance de sécurité. Si possible, branchez-le à une prise ayant la terre. Vous pouvez aussi tremper dans l'eau un fil électrique que vous connecterez à la prise de terre afin d'éliminer le champ électrique.

Mise en garde

Quand l'aquarium est collé au mur, attention à ce qui ce trouve derrière. Les pollutions électromagnétiques traversent les murs !

LA CUISINE ET LA BUANDERIE

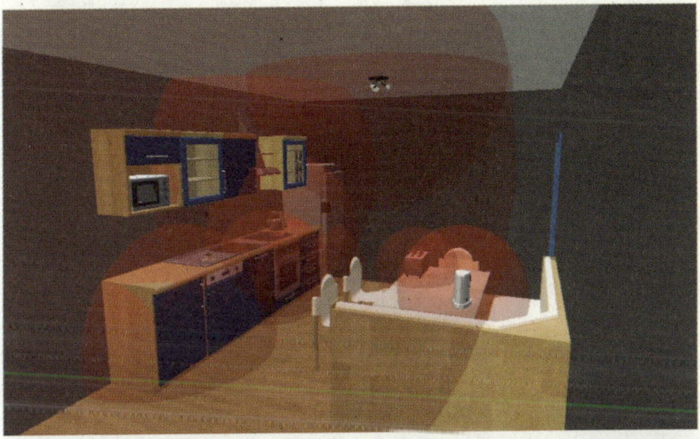

Les plaques de cuisson

Distances de sécurité

Plaques électriques : 0,6 mètre

Plaques halogènes : 0,7 mètre

Plaques à induction : 2 mètres

Les plaques électriques, à induction et halogènes produisent un champ magnétique très important.

PRÉCONISATIONS

> Utilisez la plaque la plus éloignée de vous, afin que l'intensité du champ magnétique s'affaiblisse. Cette mesure est particulièrement recommandée pour les femmes enceintes, de plus c'est une sécurité pour les enfants. Branchez impérativement cet appareil sur une prise ayant la terre.

Mises en garde

Des études montrent une augmentation des taux de fausses couches chez les femmes enceintes exposées à des champs magnétiques de fortes intensités.

Le micro-onde

Distance de sécurité : 3 mètres

Les ondes produites pour chauffer les aliments ne sortent pas du micro-onde si le joint d'étanchéité est en bon état. Vous ne risquez normalement pas de cuire devant celui-ci. Par contre, de par sa conception, il produit de fortes pollutions électromagnétiques hyperfréquences.

PRÉCONISATIONS

> De façon générale, éloignez-vous du four à micro-onde pendant qu'il fonctionne pour réduire l'intensité des ondes.

Pour la même raison, vous pouvez aussi placer un écran protecteur de type cage de Faraday entre vous et le four.

Branchez impérativement cet appareil sur une prise ayant la terre.

Ne vous installez pas près d'un micro-onde en marche pour déjeuner ou cuisiner. Si vous déjeunez dans un restaurant d'entreprise où un micro-onde est mis à votre disposition, ne restez pas à côté de celui-ci pendant que tous vos collègues l'utilisent.

Mise en garde

Ne regardez pas votre bol de café tournoyer dans le micro-onde tous les matins. En effet, l'intensité des ondes sera plus importante si vous restez à proximité. Comme nous l'avons vu, des études montrent que le facteur temps ne serait pas à négliger.

Le four électrique

Distance de sécurité : 0,6 mètre

Comme la plaque de cuisson électrique, le four électrique comporte de grosses résistances qui s'échauffent. Comme tout appareil de forte puissance, le four électrique produit un champ magnétique important.

PRÉCONISATIONS

> Éloignez-vous du four pendant qu'il fonctionne.
Dans le cas de plaques de cuisson situées au-dessus d'un four, arrangez-vous pour organiser les temps de cuisson de manière à ne pas cuire des plats sur les plaques pendant que le four fonctionne.
Branchez impérativement cet appareil sur une prise ayant la terre.

La cafetière

Distance de sécurité : 0,3 mètre

La cafetière comporte une grosse résistance qui s'échauffe. Comme tout appareil de forte puissance, elle produit donc un champ magnétique important.

PRÉCONISATIONS

> Évitez de la poser juste à côté de vous pendant qu'elle fonctionne.
Branchez impérativement cet appareil sur une prise ayant la terre.

La hotte aspirante

Distance de sécurité : 1 mètre

Souvent les hottes aspirantes ne sont pas reliées à la terre et produisent un champ électrique se propageant au niveau de la tête.

PRÉCONISATIONS

> Eloignez votre tête le plus possible de la hotte pendant son fonctionnement.
Dans la mesure du possible, branchez cet appareil à la prise de terre : cela déroutera le champ électrique et réduira fortement la zone d'influence de celui-ci.

Le luminaire sans terre

Distance de sécurité : 1,5 mètre

Comme pour tout luminaire, le câble d'alimentation et, par diffusion, l'armature d'un luminaire émettent un champ électrique.

PRÉCONISATIONS

> Connectez l'armature métallique du luminaire à la prise de terre.
Remplacez l'interrupteur unipolaire par un bipolaire.
Si vous ne pouvez pas connecter la lumière à la terre, il est peut-être possible de le déplacer ou de le remonter afin de l'éloigner de vous.

Mise en garde

Bien sûr, vos travaux, surtout lorsqu'il s'agit d'électricité, doivent être effectués par des professionnels et dans le respect des normes en vigueur.

Le grille-pain

Distance de sécurité : 0,4 mètre

Comme tout appareil de forte puissance, le grille-pain produit un champ magnétique important.

PRÉCONISATIONS

> Nous vous conseillons de l'éloigner de la table à manger et de le poser plutôt sur un plan de travail à quelques dizaines de centimètres.
Branchez impérativement cet appareil sur une prise ayant la terre.

L'aspirateur de table

Distance de sécurité : 0,6 mètre

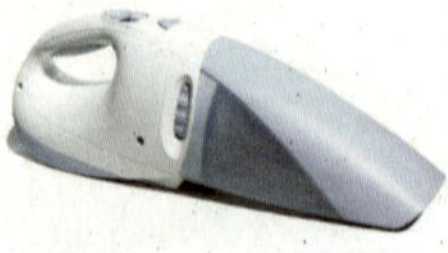

La pollution produite par l'aspirateur de table est due au transformateur qui permet son rechargement et qui crée un champ magnétique.

PRÉCONISATIONS

> Préférez les appareils mécaniques. Vous ferez plus d'économies d'énergie qu'avec les électriques, surtout parce que ceux-ci restent, la plupart du temps, branchés, et consomment ainsi de l'énergie en permanence (environ 10 € à 20 € par an).

Mise en garde

Attention tout particulièrement aux zones de repos qui pourraient être à proximité du chargeur.

Le lave-vaisselle, le réfrigérateur, le congélateur

Distance de sécurité

Le lave-vaisselle : 1,3 mètre

Le réfrigérateur et le congélateur : 1 mètre

La pollution produite est due au moteur (installé en général en bas et au fond de l'appareil). Ce moteur produit un champ magnétique important.

PRÉCONISATION

> Branchez impérativement cet appareil sur une prise ayant la terre.

Mise en garde

En règle générale, le lave-vaisselle ne pose pas de problème. Toutefois, cet appareil est installé le long des murs. Attention donc à ce qui se trouve de l'autre côté (lit ou matelas posé à même le sol, canapé, zone de repos).

Le lave-linge et le sèche-linge

Distance de sécurité : 1 mètre

La pollution produite par ces appareils est due à leur moteur installé en général en bas et au fond. Pour le sèche-linge, il faut également tenir compte de la résistance de chauffe qui crée un fort champ magnétique.

PRÉCONISATION

> Branchez impérativement ces appareils sur une prise ayant la terre.
L'utilisation du bon vieux fil à linge ou du séchoir reste à mon avis la meilleure solution, surtout en termes énergétiques (en effet le sèche-linge est l'un des appareils les plus énergivores de la maison).

Mises en garde

Ces appareils sont en général installés le long des murs, attention donc à ce qui se trouve de l'autre côté !

L'aspirateur

Distance de sécurité : 1,4 mètre

Le moteur de l'aspirateur produit un champ magnétique important. Un champ électrique peut aussi être produit.

PRÉCONISATION

> Choisissez un aspirateur avec un tuyau le plus long possible afin d'en être éloigné au maximum. Évitez les aspirateurs-balais avec lesquels la distance est plus que réduite.

Le fer à repasser

Distance de sécurité : 0,3 mètre

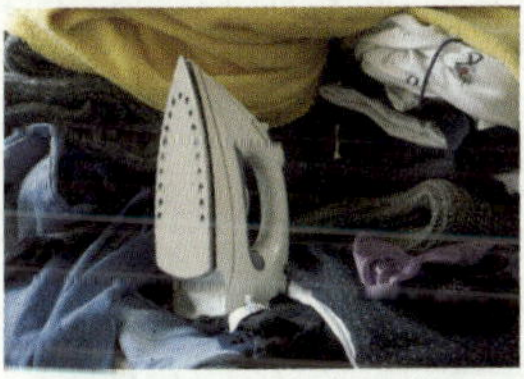

C'est la résistance électrique qui en chauffant crée un champ magnétique important.

PRÉCONISATION

> Branchez impérativement cet appareil à une prise ayant la terre.

Sachez par ailleurs qu'il existe maintenant des fers à repasser sans fil : non, non vous ne rêvez pas ! Et là, pas question de Wi-Fi ou de micro-ondes, non ! Le fer à repasser est posé sur une base pour chauffer, un peu comme votre bouilloire, et une fois chaud, vous êtes complètement libre de vos mouvement le tout sans pollutions électromagnétiques.

Mise en garde

Attention toutefois à placer la base à distance respectable, car elle émet des pollutions électromagnétiques.

La machine à coudre

Distance de sécurité : 0,5 mètre

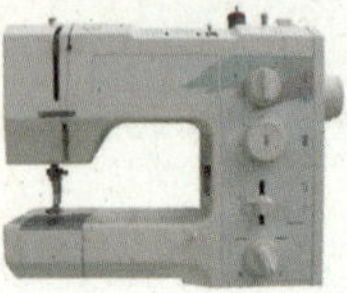

Le moteur de la machine à coudre produit un champ magnétique important. Un champ électrique peut aussi être produit.

PRÉCONISATIONS

> À part utiliser une machine à pédale, je ne vois pas comment on pourrait s'en protéger...

LA SALLE DE BAINS

Les luminaires de salle de bains, l'armoire de toilette

Distance de sécurité : 0,4 mètre

Comme pour tout luminaire, le câble d'alimentation et l'armature d'un luminaire de salle de bains ou d'une armoire de toilette émettent un champ électrique. Ce champ peut être amplifié par la capacité du bois ou des cloisons légères à le diffuser.

PRÉCONISATION

> Connectez, si possible, l'armature métallique de la lampe à la prise de terre.

Mise en garde

Pour rappel, pour toutes interventions électriques, il est important de faire intervenir un professionnel et de respecter les normes en vigueur.

Le sèche-cheveux

Distance de sécurité : 0,6 mètre

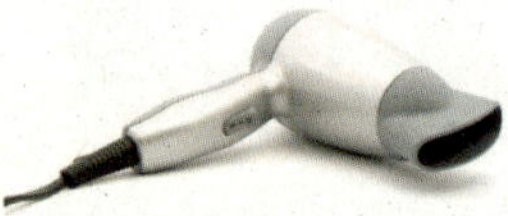

Un fort champ magnétique est émis par la résistance chauffante du sèche-cheveux.

PRÉCONISATION

> Il est donc important d'éloigner ce dernier le plus possible de votre tête et de réduire autant que possible le temps de séchage. Pour cela, pensez à pré-sécher vos cheveux avec une serviette.

Mise en garde

Le champ magnétique dû au sèche-cheveux est très important et ne peut être neutralisé.

Le chargeur de brosse à dents

Distance de sécurité : 0,3 mètre

La brosse à dents n'est pas à proprement parler source de pollutions électromagnétiques. Cependant, la base de rechargement contient un transformateur qui émet un champ magnétique.

PRÉCONISATIONS

> Éloignez le transformateur ou la base de rechargement de vous pendant la toilette.
Veillez à respecter la distance de sécurité entre vous et le transformateur.
Vous pouvez aussi toujours utiliser la bonne vieille brosse à dents manuelle qui vous fera faire des économies d'énergie (environ 10 € par an pour le transformateur branché en permanence)...

Le rasoir, les épilateurs

Distance de sécurité : 0,4 mètre

Un champ magnétique est émis par le moteur du rasoir ou de l'épilateur lorsque ceux-ci sont en fonctionnement.

PRÉCONISATION

> Préférez l'usage d'un rasoir manuel. Vous ferez en plus des économies d'énergie.

Mise en garde

Comme pour tout appareil dont l'utilisation impose le contact, l'éloignement est forcément réduit : l'exposition aux pollutions électromagnétiques peut donc être importante et ne peut être neutralisée.

LA CHAMBRE

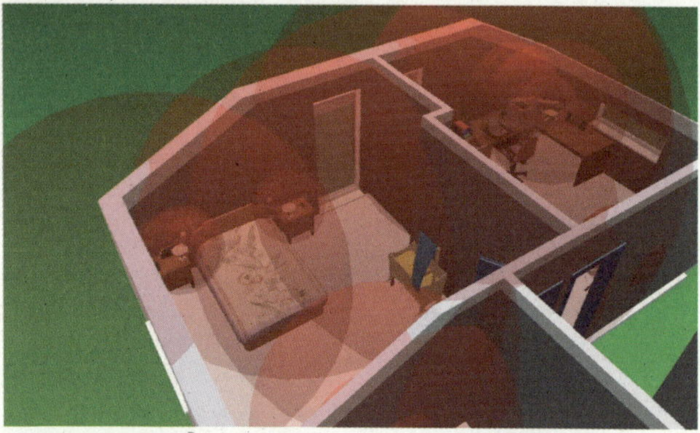

Le radio-réveil

Distance de sécurité : 0,8 mètre

À cause du bobinage, c'est le transformateur du réveil qui produit les pollutions électromagnétiques.

PRÉCONISATIONS

> Éloignez votre réveil ou utilisez des piles rechargeables ou préférez tout simplement un réveil mécanique. Vous n'aurez plus de problème de pollutions électromagnétiques.
Une autre solution pourrait être d'utiliser un programmateur pour piloter une chaîne Hi-Fi, installée, à quelques mètres du lit, afin d'en faire un radio-réveil de haute fidélité.

Mise en garde

Sans le savoir, beaucoup de personnes ont le sommeil perturbé par leur radio-réveil. Une fois les préconisations ci-dessus appliquées, ils retrouvent, en quelques jours, un sommeil normal.

La couverture chauffante

Distance de sécurité : 0,7 mètre

Comme tout appareil de forte puissance, la couverture chauffante produit un champ magnétique très important dû notamment au contact direct avec celle-ci.

PRÉCONISATIONS

> Faites chauffer votre couverture avant de rentrer dans le lit.
L'éteindre ne suffira pas pour supprimer toutes les pollutions électromagnétiques, alors débranchez-la complètement.
Et utilisez, pourquoi pas, une bouilloire ou une bonne vielle brique entourée d'un torchon : une fois glissées dans le lit, celles-ci le réchaufferont et feront de celui-ci un endroit chaud et douillet.

Le lit électrique

Distance de sécurité : 0,6 mètre

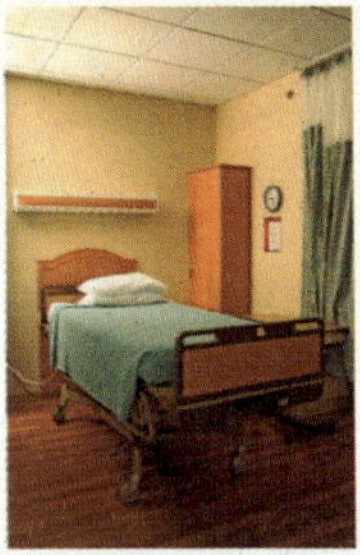

Les lits électriques sont le plus souvent en bois ou en métal, non reliés à la prise de terre et transmettent donc des champs électriques. De plus, leur moteur émet des champs magnétiques.

PRÉCONISATIONS

> Débranchez le lit pendant la nuit si c'est possible. Branchez-le, impérativement, lors de son utilisation, sur une prise ayant la terre.

Le lit à eau

Distance de sécurité : 0,5 mètre

Les lits à eau ont une résistance thermique qui permet de chauffer l'eau. Cette résistance émet un fort champ magnétique.

PRÉCONISATIONS

> Il est conseillé de débrancher le lit après avoir chauffé l'eau.
Branchez-le, impérativement, lors de son utilisation, sur une prise ayant la terre.

Mise en garde

Les couvertures chauffantes ainsi que les lits à eau ou électriques peuvent perturber fortement votre sommeil. Ils sont également **fortement déconseillés pour les femmes enceintes**. Pour rappel, des études montrent une augmentation des taux de fausses couches chez les femmes enceintes exposées à des champs magnétiques de forte intensité.

La lampe de chevet

Distance de sécurité : 0,6 mètre

Le câble d'alimentation ainsi que l'armature métallique d'une lampe de chevet émettent un champ électrique lui-même produit par le fil rouge (la phase) de l'installation électrique.

PRÉCONISATIONS

> Le câble d'alimentation de la lampe ne doit pas être en contact avec la table de nuit qui propagera alors le champ électrique.
Connectez l'armature métallique de la lampe de chevet à la prise de terre et remplacez l'interrupteur unipolaire par un bipolaire qui coupera les deux fils d'alimentation de la lampe.

Mises en garde

La lampe de chevet peut perturber fortement votre sommeil. Il est important de brancher ces appareils sur une prise de terre. Par ailleurs, nous vous conseillons, pour toutes interventions électriques, de faire intervenir un professionnel et de respecter les normes en vigueur.

Les prises électriques et les interrupteurs

Distance de sécurité : 0,3 mètre, pour l'un comme pour l'autre

C'est le champ électrique produit par la phase (le fil rouge) de l'installation qui crée cette pollution électromagnétique.

PRÉCONISATIONS

> Dans une grande majorité des cas, vous n'aurez pas de problème avec les prises de courant et les interrupteurs. Et le fait de s'en éloigner suffira à vous préserver.
> Vous pouvez aussi remplacer le boîtier électrique par un boîtier blindé et connecté à la prise de terre.

L'applique sur tête de lit

Distance de sécurité : 0,6 mètre

Comme pour tout luminaire, le câble d'alimentation et l'armature d'une applique de tête de lit émettent un champ électrique. Ce champ peut être amplifié par la capacité du bois à le diffuser.

PRÉCONISATIONS

> Connectez l'armature métallique de l'applique à la prise de terre et remplacez l'interrupteur unipolaire par un bipolaire.
> L'utilisation d'Interrupteur automatique de champs (IAC) peut être recommandée pour couper automatiquement l'alimentation électrique quand vous dormez.

Mises en garde

Si vous habitez une maison en bois ou si l'interrupteur se situe à votre tête de lit, il sera peut-être nécessaire de faire intervenir un électricien spécialisé dans les installations bio-électriques.

Le Babyphone

Distance de sécurité : 3 mètres

Comme tout appareil sans fil (à part bien sûr votre télécommande qui, elle, est infrarouge), le Babyphone rayonne de façon très importante.

PRÉCONISATION

> Soit vous éloignez suffisamment le Babyphone, soit vous pouvez casser le signal avec un écran de protection qui affaiblira l'intensité des ondes électromagnétiques hyperfréquences produites par celui-ci.

Mise en garde

Les études nous indiquent que les enfants sont très sensibles aux pollutions électromagnétiques, qui pourraient provoquer de graves maladies comme la leucémie (cancer du sang) ainsi que des problèmes de sommeil.

LE BUREAU

L'éclairage de bureau

Distance de sécurité : 0,8 mètre

C'est le ballast, qu'il soit électronique ou non, qui utilise les hautes fréquences et produit des pollutions électromagnétiques.

PRÉCONISATION

> Aucune. À moins que vous ne soyez un géant et que, une fois assis, votre tête ne soit qu'à 80 cm du luminaire, l'éclairage de bureau étant placé au plafond, vous ne risquez rien.

Mises en garde

Attention cependant à ce qui se trouve à l'étage supérieur (lit ou matelas à même le sol, canapé, zone de repos).

La lampe de bureau

Distance de sécurité : 1 mètre

Ces dernière années, nous voyons apparaître de plus en plus de lampes halogènes avec transformateur sur nos bureaux, ainsi que des lampes sans prise de terre ou encore des lampes fluo-compactes (basse consommation). Ces lampes créent :

- pour les halogènes, des champs magnétiques dus aux transformateurs,
- pour les lampes sans prise de terre, des champs électriques,
- pour les fluo-compactes, des champs électriques hautes fréquences dus à l'alimentation à découpage.

PRÉCONISATIONS

> Nous vous conseillons soit un éclairage venant du plafond pour les trois types de lampes, soit de vous équiper d'une protection pour les lampes basse consommation et/ou d'utiliser une lampe avec prise de terre. C'est encore assez cher mais c'est très efficace.

Mise en garde

Attention au cordon d'alimentation qui, posé sur le bois de votre bureau diffuse les champs électriques.

À ne surtout pas utiliser comme lampe de chevet !

L'ordinateur fixe ou portable (sans connexion Wi-Fi)

Distance de sécurité : 0,6 mètre

Cette distance de sécurité est facile à mettre en place et répond aux normes suédoises sur les pollutions électromagnétiques des ordinateurs.

PRÉCONISATIONS

> Ne vous servez pas du PC comme repose-pied. Vérifiez bien que le PC, ou le Mac d'ailleurs, est bien connecté à une prise de courant ayant une terre de bonne qualité, car sinon l'ordinateur peut émettre un champ électrique d'une portée d'au moins 1,2 mètre.

Mise en garde

Attention au PC en Wi-Fi car la distance de sécurité est alors portée à 3 m.

Le Wi-Fi

Distance de sécurité : 3 mètres pour la box et l'ordinateur

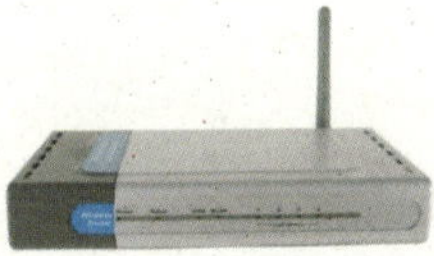

Le Wi-Fi permet aux appareils informatiques de communiquer sans l'utilisation de fils. Lors d'une communication via le Wi-Fi les deux appareils émettent des hautes fréquences qui créent deux zones de pollutions électromagnétiques, pouvant aller jusqu'à 3 mètres. Ces zones peuvent être augmentées en présence de réflecteur comme un mur, une isolation mince (souvent utilisée sous toiture) ou encore des miroirs, sur lesquels les ondes vont se réfléchir.

PRÉCONISATIONS

> Afin d'éviter que chaque appareil utilisant le Wi-Fi ne produise une zone de pollutions électromagnétiques il est fortement recommandé de recourir aux câblages réseaux. Au bout de quelques heures, il vous faudra de toute façon brancher votre PC portable sur une prise de courant, car vous n'aurez plus de batteries. Alors, un ou deux fils, ça change quoi ? En plus, les liaisons par câble sont, encore aujourd'hui, bien plus performantes.
Sur les ordinateurs portables, il existe un bouton avec un voyant (souvent bleu ou orange) qui indique que le Wi-Fi est actif. Vous avez la possibilité grâce à celui-ci de désactiver le Wi-Fi. Le cas échéant, reportez-vous à la notice de votre ordinateur.
Si le PC portable comporte une prise avec la broche de terre, il est impératif de le brancher sur une prise ayant également la terre afin d'éliminer le champ électrique qui peut atteindre 1,2 mètre.

Mise en garde

Le recoupement des ondes est un autre point à ne pas négliger. En effet, à certains endroits de votre logement, on peut rencontrer des zones où les ondes se croisent et créent une bulle nocive au-delà des distances préconisées. Seule une mesure pourra valider la non-nocivité d'une pièce.

L'écran cathodique

Distance de sécurité : 0,5 mètre

Les champs électromagnétiques produits par un tube cathodique peuvent être importants.

PRÉCONISATIONS

> L'éloignement est malheureusement la seule façon de se préserver de ce type d'appareil. En règle générale, nous sommes à des distances suffisantes pour ne pas être soumis aux pollutions électromagnétiques produites par le moniteur à tube cathodique.

Mises en garde

Il ne faut pas oublier la fâcheuse habitude des enfants à s'approcher très près de l'écran !

Prenez aussi en considération ce qu'il y a derrière le mur de l'écran, car, je vous le rappelle, les pollutions électromagnétiques traversent les murs !

L'onduleur

Distance de sécurité : 0,4 mètre

L'onduleur est un convertisseur qui génère du courant alternatif, composé notamment d'un transformateur. Il produit donc un champ magnétique.

PRÉCONISATION

> Cette distance de sécurité est facile à mettre en place. Alors profitons-en !
Branchez-le sur une prise de terre.

Mise en garde

Bien sûr il est recommandé de ne pas se servir de l'onduleur comme repose-pied.

Le fax, le photocopieur, l'imprimante laser

Distance de sécurité : 0,6 mètre pour chacun des appareils

Encore des appareils électroniques ! Ils comportent un transformateur et donc créent un champ magnétique. Mais ce n'est pas tout… Ce type d'appareil comporte aussi ce que l'on appelle un four : partie chauffante qui fait fondre la poudre d'encre pour qu'elle adhère au papier. Un fort courant est nécessaire au chauffage du four ce qui produit un champ magnétique important.

PRÉCONISATION

> L'éloignement de toute zone de travail ! Sinon, pensez à éteindre ces appareils lorsqu'ils sont inutilisés.

À savoir

Pour des raisons d'efficacité, le four peut être maintenu en permanence à température optimale. Donc les pollutions produites peuvent être presque permanentes ainsi que la consommation élevée de ce type d'appareil.

L'imprimante à jet d'encre

Distance de sécurité : 0,6 mètre

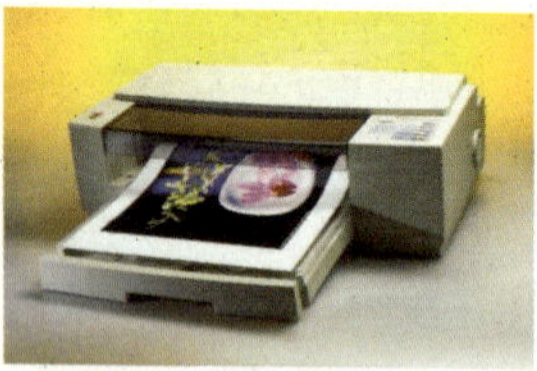

L'imprimante à jet d'encre comme tout appareil électronique comporte un transformateur et donc crée un champ magnétique.

PRÉCONISATIONS

> L'éloignement est une bonne solution pour ce type d'appareil.
Branchez-la sur une multiprise blindée ayant un interrupteur bipolaire : une fois en position « éteint », elle empêchera la propagation du champ électrique.
Coupez correctement l'alimentation de l'appareil qui ne produira plus de champs magnétiques ni de consommation due à la veille.

La calculatrice électrique

Distance de sécurité : 0,3 mètre

Et vlan ! C'est reparti, encore un appareil électronique ! Je vais me répéter mais, tant pis, il le faut. La calculatrice électrique comme tout appareil électronique comporte un transformateur et donc crée un champ magnétique.

PRÉCONISATION

> Utiliser une calculatrice solaire ou à pile ! Débranchez-la après utilisation le cas échéant.

Mise en garde

Attention aux cordons d'alimentations qui, posés sur le bois de votre bureau, produiront de forts champs électriques.

L'EXTÉRIEUR ET LA VIE QUOTIDIENNE...

Les enseignes de magasin

Distance de sécurité : 2 mètres

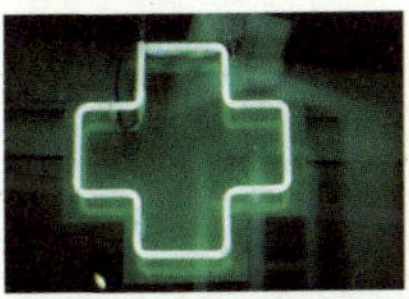

C'est le ballast, qu'il soit électronique ou non, qui utilise les hautes fréquences et produit des pollutions électromagnétiques.

PRÉCONISATION

> À moins que vous ne soyez le propriétaire de l'enseigne et que vous ayez la possibilité de la déplacer, vous ne pouvez pas faire grand chose à part vous en éloigner.

Mise en garde

Attention donc à l'enseigne qui peut se trouver derrière le mur où est placé votre lit, canapé, bureau ou encore votre table au restaurant !

La caisse enregistreuse

Distance de sécurité : 0,4 mètre

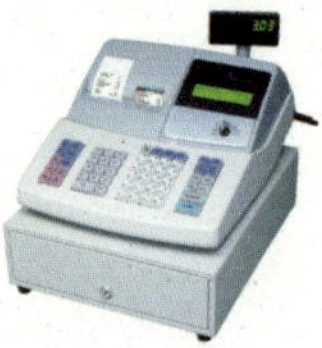

Évidemment, comme tout appareil électronique, la caisse enregistreuse comporte un transformateur et émet donc un champ magnétique.

PRÉCONISATION

> Ne restez pas devant votre caisse enregistreuse et éloignez-vous de quelques centimètres. Si la caisse enregistreuse le permet, branchez-la impérativement sur une prise ayant la terre.

La vitrine réfrigérante

Distance de sécurité : 1 mètre

Les pollutions produites par la vitrine réfrigérante sont dues au moteur et à l'éclairage. Un champ magnétique et un champ électrique sont produits par ces équipements.

PRÉCONISATION

> Branchez impérativement cet appareil sur une prise ayant la terre. Là encore, la seule solution est l'éloignement (pas toujours facile pour les commerçants).

La voie ferrée

Distance de sécurité : 10 mètres

Le champ électrique et le champ magnétique produits par une ligne de train sont très importants notamment au passage de celui-ci.

PRÉCONISATION

> Pour ce qui est du champ magnétique, on ne peut rien faire. Par contre, pour le champ électrique, on peut se servir de la végétation pour faire écran. Une rangée d'arbres entre votre logement et la ligne électrique va détourner le champ électrique et vous en protéger.

Les lignes électriques

Distances de sécurité :

Les lignes 240 volts : 10 mètres

Les lignes 20 000 volts : 30 mètres

Les lignes 63 000 volts : 80 mètres

Les lignes 90 000 volts : 120 mètres

Les lignes 250 000 volts : 200 mètres

Les lignes 400 000 volts : 350 mètres

Plus le voltage de la ligne est fort, plus la consommation en électricité des ménages est forte et donc plus le champ électrique et le champ magnétique produits par la ligne sont importants. De là à dire que les pollutions produites par les lignes haute tensions-sont directement liées à la saison, à la météo ou encore à l'heure, il n'y a qu'un pas. En fait, on comprendra que la consommation d'électricité varie et est plus forte en hiver et le soir, notamment pour les lignes distribuant les quartiers résidentiels.

PRÉCONISATION

> Rien n'est capable de stopper le champ magnétique, par contre, le champ électrique peut être stoppé par la végétation. Une rangée d'arbres entre votre logement et la ligne électrique détourne le champ électrique et vous permet de vous protéger.

Mise en garde

Souvenez-vous : des études montrent une augmentation des cancers, notamment des leucémies chez les enfants, pour les personnes habitant à proximité des lignes haute tention. Plus troublant, certaines études montreraient une augmentation du nombre de cancers proportionnelle à la distance entre l'habitation et les lignes électriques.

Le transformateur EDF

Distance de sécurité : 8 mètres

Le transformateur permet d'abaisser la tension d'une ligne. Comportant de gros bobinages et ayant de forts courants le traversant, il génère de très forts champs magnétiques. Plus la consommation en électricité est forte, plus le champ magnétique est important. Même chose : de là à dire que les pollutions produites par le transformateur sont directement liées à la saison, à la météo ou encore à l'heure, il n'y a qu'un pas. N'oubliez pas que la consommation d'électricité est plus forte le soir et l'hiver.

PRÉCONISATION

> L'éloignement est la seule solution.

L'antenne relais GSM

Distance de sécurité : 500 mètres

Les antennes relais GSM pullulent sur les toits d'immeubles les clochers des églises ou encore les châteaux d'eau. Leur puissance étant de plus en plus importante, il nous faut rester vigilants face à ce problème. Les pollutions produites par les antennes relais sont de type hyperfréquences.

PRÉCONISATION

> Bien qu'il soit anormal que ce soit aux gens soumis aux pollutions électromagnétiques de faire les investissements nécessaires à l'établissement d'une protection... Il nous semblait important de vous indiquer qu'effectivement il en existe (voir p. 45 à 48).
Il existe des rideaux, des peintures, des papiers peints qui permettent d'établir un écran protecteur entre vous et la source de pollutions électromagnétiques.

Mises en garde

Attention aux sources de pollutions émises par vos appareils sans fil (Wi-Fi, téléphone sans fil, Babyphone, etc.) dont les pollutions électromagnétiques seront renvoyées vers l'intérieur par effet rebond sur la protection. Nous tenons aussi à attirer votre attention sur le fait que les opérateurs téléphoniques mettent en œuvre de plus en plus d'ingéniosité pour dissimuler les antennes relais. Ce n'est donc pas parce que l'on ne voit pas d'antennes qu'il n'y en a pas...

L'ascenseur et le local technique

Distance de sécurité : 2 mètres

Les pollutions électromagnétiques produites sont importantes.

PRÉCONISATION

> Pour vous protéger du champ magnétique, il ne vous reste que la distance comme solution. Vous devez vous en éloigner. Évidement ce n'est pas forcément facile, à moins de revoir complètement l'implantation du local technique.

Distance de sécurité : 2 mètres

Souvent, les moteurs de l'ascenseur sont dans le local technique. Les pollutions électromagnétiques produites par ces moteurs sont importantes.

PARTIE 3

ANNEXES

9

Rapport Bio-Initiative

Arguments pour des seuils de protection du public fondés sur les effets biologiques des rayonnements électromagnétiques (EBF et MO)

Comité d'organisation

Carl Blackman, USA

Martin Blank, USA

Michael Kundi, Austria

Cindy Sage, USA

Chargé de recherche

S. Amy Sage, USA

Participants

David Carpenter, USA

Zoreh Davanipour, USA

David Gee, Denmark

Lennart Hardell, Sweden

Olle Johansson, Sweden

Henry Lai, USA

Kjell Hansson Mild, Sweden

Eugene Sobel, USA

Zhengping Xu, China

Guangdin Chen, China

BioInitiative Working Group, 31 août 2007

www.bioinitiative.org

Traduction française du résumé (riirem, octobre 2007)

www.criirem.org

RAPPORT BIO-INITIATIVE – RÉSUMÉ DES CONCLUSIONS

Abréviations

FCC : Federal Communications Commission

ICNIRP : International Comission on Non-Ionizing Radiation Protection

IEEE : Institute of Electrical and Electronics Engineers, Inc.

OMS : Organisation Mondiale de la Santé

CEM : Champs ElectroMagnétiques = EMF : ElectroMagnetic Fields

EBF : Extrêmement Basses Fréquences = ELF : Extremely Low Frequency

MO : Micro-Ondes = RF : RadioFrequencies

Note des traducteurs : La traduction française exacte du terme « radiofrequencies » est « radioélectriques ». Ce terme générique correspond à une partie bien précise du spectre électromagnétique, comprise entre 9 kHz et 3 000 GHz et contenant entre autres la gamme de fréquences dites « micro-ondes » utilisée par les systèmes de téléphonie mobile, également appelée « hyperfréquences ».

Pour plus de lisibilité et de compréhension, les traducteurs ont choisi dans ce document le mot « micro-ondes » pour traduire le terme « radiofrequencies » utilisé par les auteurs et participants du BioInitiative Working Group.

RAPPORT BIO-INITIATIVE - RÉSUMÉ DES CONCLUSIONS

Section 1-4

Problématique des normes de protection actuelles

- Les normes actuelles édictées par l'ICNIRP et la FCC pour fixer les limites d'exposition du public et des professionnels aux champs basses fréquences et aux radiofréquences ne suffisent pas à protéger la santé publique.
- Il existe des normes d'exposition du public et des professionnels aux extrêmement basses fréquences (abrégé EBF, ou ELF en anglais) et aux micro-ondes (abrégé MO, ou RF en anglais), afin de prendre en compte les effets biologiques et les troubles possibles de la santé dus à une exposition chronique aux EBF/ELF et MO/RF. Il est maintenant reconnu que de tels effets peuvent survenir à des seuils d'exposition nettement plus faibles que ceux préconisés par la plupart des normes nationales et internationales actuelles.
- Une limite d'exposition fondée sur les effets biologiques doit protéger des diverses intensités et modulations des EBF/ELF et MO/RF susceptibles, dans les cas d'exposition chronique, d'avoir un impact significatif sur la santé et le bien-être.
- La recherche doit se poursuivre, mais ne doit pas retarder les actions de régulation des EBF/ELF et des mesures préventives substantielles en matière de MO/RF, en fonction de l'impact potentiel sur la santé et le bien-être dus à une exposition chronique.
- Les limites d'exposition fondées sur les effets biologiques doivent refléter l'état du savoir scientifique sur les effets biologiques et sanitaires, et imposer de nouvelles limites basées sur le principe de (EEA, 2001).
- Les normes d'exposition fondées sur les effets biologiques doivent protéger contre des expositions aux EBF/ELF et MO/RF dont les niveaux affectent ou changent le fonctionnement

biologique normal des organismes humain. Elles ne doivent pas uniquement se baser sur l'énergie absorbée, ni sur les niveaux thermiques de l'apport d'énergie et le réchauffement des tissus qui en résulte. Elles doivent protéger des conséquences d'une exposition chronique.

- Les normes existantes sont basées sur effets thermiques et ne concernent pas les effets non thermiques (ou de basse intensité) dont les effets biologiques et les effets nocifs sur la santé en cas d'exposition chronique ont été clairement démontrés.
- Les effets biologiques peuvent à la fois inclure les effets nocifs pour la santé et la perte de l'homéostasie et du bien-être.
- Il est nécessaire d'établir des normes d'exposition fondées sur les effets biologiques pour éviter les dysfonctionnements des processus biologiques naturels. Ont été démontrés des effets sur : l'ADN (génotoxicité affectant directement l'intégrité du génome humain), la communication intercellulaire, la réparation cellulaire et la cicatrisation des tissus, l'évolution des cancers, et sur la protection contre les maladies cancéreuses ou neurodégénératives. Ont également été observés : des effets neurologiques, notamment sur la structure et les troubles du sommeil, la mémoire et les fonctions cognitives ; la dépression ; des pathologies cardiaques ; la perméabilité pathologique de la barrière hémato-encéphalique ; et les perturbations du fonctionnement normal des mécanismes d'immunité, de fertilité et de reproduction.
- La fréquence, l'intensité, la durée d'exposition, et le nombre de périodes d'exposition peuvent affecter la réponse de l'organisme. Ces facteurs peuvent qui plus est interagir les uns avec les autres et produire diverses conséquences. Pour bien cerner les conséquences biologiques d'une exposition aux CEM/EMF, il faut comprendre si les effets sont cumulatifs, si l'organisme développe des réponses compensatrices, et quand l'homéostasie se brise.
- Des mécanismes biologiques plausibles de type génotoxicité (ADN endommagé) sont désormais bien établis (stress oxydatif via l'action de radicaux libres) bien que la preuve définitive n'ait pas été apportée. Toutefois, la preuve du mécanisme n'est pas nécessaire pour fixer des politiques des précautions, ni

indispensable pour définir de nouvelles normes ou limites si des effets nocifs pour la santé surviennent à des niveaux inférieurs à ceux actuellement établis par l'ICNIRP ou l'IEEE.

- Le rapport 2007 du SCENHIR déclare que « pour le cancer du sein et les maladies cardiovasculaires, la recherche récente indique qu'une association avec les CEM/EMF est peu probable. L'aide-mémoire 2007 de l'OMS sur les EBF/ELF affirme : "aucune preuve ne vient confirmer l'association entre l'exposition aux EBF/ELF et le maladies cardiovasculaires" et "les preuves concernant le cancer du sein ont aussi été considérées comme négatives, et concernant d'autres maladies, elles ont été jugées inadéquates". Aucune de ces constatations n'est confirmée par un éventuel classement par le CIRC des CEM/EMF en Catégorie 4 (non cancérigène). Il est donc prématuré de la part de ces organismes d'écarter les EMF / CEM comme potentiellement facteurs de risque de maladies cardiovasculaires ou du cancer du sein.
- Le critère déterminant de toute action devrait être la précaution. Il ne faut pas ajourner l'action en attendant des preuves ou un lien de causalité définitifs pour statuer sur le fait que les EBF/EMF constituent un risque pour la santé et le bien-être.
- Le public s'inquiète de l'augmentation des niveaux d'exposition involontaires aux MO/RF et aux EBF/ELF générés par les nouvelles technologies sans fil. La résistance croissante du public vis à vis des expositions aux rayonnements des MO/RF et EBF/ELF tels qu'ils sont actuellement autorisées par des normes basées sur des effets thermiques
- Les avertissements et mises en garde à destination du public sur les risques possibles des technologies sans fil disponibles sur le marché sont inadaptés, ce qui entraîne l'adoption et l'usage de technologies pouvant avoir des conséquences néfastes sur la santé qui restent inconnues du public. Il ne s'agit pas d'un « consentement éclairé ».
- Aucune avancée ou recommandation positive ne peut émaner des gouvernements qui continuent à retenir ou confirmer des limites d'exposition sur les MO/RF et EBF/ELF fondées sur les critères de l'ICNIRP ou de l'IEEE (ou équivalent). Des gouvernements qui envisagent des propositions assouplissant les

normes MO/RF et EBF/ELF existantes doivent rejeter ces propositions, étant donné la masse de données scientifiques disponibles et le complet décalage entre les limites de protection du public existantes et leur responsabilité de fournir un cadre de vie sûr et sain dans toutes les couches des populations concernées.

Section 5

Génotoxicité et expression des protéines

- L'exposition aux CEM/EMF peut modifier un gène ou l'expression des protéines de certains types de cellules. Même à des intensités inférieures aux valeurs recommandées par l'ICNIRP.
- Les conséquences biologiques de la plupart de ces modifications des gènes ou des protéines restent méconnues, et demandent d'être davantage explorées.
- La communauté des chercheurs en CEM/EMF doit traiter avec la même attention les résultats négatifs et les résultats positifs. Tous doivent être répliqués, pas uniquement les résultats positifs, les résultats négatifs demandent aussi à être validés.
- Les bases de données de l'IEEE et de l'OMS ne tiennent compte que d'une minorité des études réalisées à ce jour sur les EBF/ELF (seulement 6 sur 14 à l'OMS ; et 0 sur 16 à l'IEEE). Elles incluent pourtant la majorité des études existantes portant sur les MO/RF (14 sur 16).

Section 6

Génotoxicité et dommages sur l'ADN

- La génotoxicité peut mener à des modifications des fonctions cellulaires, au cancer, et à la mort de la cellule. Il apparaît que selon certaines conditions l'exposition aux MO/MO/RF est génotoxique. Les études disponibles sont pour l'essentiel uniquement applicables à l'exposition aux rayonnements des téléphones mobiles. L'une d'entre elles démontre notamment que des MO/RF à des niveaux de puissance équivalents à ceux d'une antenne relais ou d'un relais hertzien s'avèrent génotoxiques et peuvent endommager l'ADN (Philips *et al.*, 1998).

- Les MO/RF peuvent être considérées comme génotoxiques, c'est-à-dire entraînant des dommages de l'ADN. Sur un total de 28 études sur les dommages ADN des rayonnements radioélectriques (MO/RF), 14 études (50 %) rapportent des effets et 14 études n'en signalent aucun. Sur un total de 29 études sur la micronucléation et les rayonnements radiofréquences, 16 études (55 %) relatent des effets et 13 (45 %) aucun effet significatif. Sur un total de 21 études traitant des dégâts sur le génome et les chromosomes des rayonnements radioélectriques, 13 études (62 %) ont rapporté des effets et 8 études (35 %) concluent à aucun effet significatif.
- Durant l'utilisation d'un téléphone mobile, une masse relativement constante du cerveau est exposée à des rayonnements d'une intensité relativement haute (DAS entre 4 et 8 W/kg). Plusieurs études ont montré des dégâts sur l'ADN à des DAS inférieurs à 5 W/kg.
- Sachant que des mutations génétiques dans une seule cellule suffisent à provoquer un cancer et qu'il y a des millions de cellules dans un gramme de tissu, il est inconcevable que la base de calcul du DAS par l'IEEE soit passée de « un gramme » à « dix grammes » de tissus (l'unité de référence en vigueur en Europe, NdT.)
- La fréquence, l'intensité, la durée d'exposition, et le nombre de périodes d'exposition peuvent affecter la réponse de l'organisme. Ces facteurs peuvent qui plus est interagir les uns avec les autres et produire diverses conséquences. Pour bien cerner les conséquences biologiques d'une développe des réponses compensatrices, et quand l'homéostasie se brise. Le choix du type de cellule ou de l'organisme étudié influence aussi le résultat.
- Les EBF/ELF sont également génotoxiques et endommagent l'ADN. Sur les 41 études de génotoxicité après exposition à des EBF/ELF, 27 études (66 %) relatent des dommages et 14 études (44 %) ne rapportent aucun effet significatif.

Section 7

Stress cellulaire

- La recherche scientifique sur les protéines de stress a montré que le public n'est pas protégé des dommages potentiels que peut provoquer l'exposition aux CEM/EMF liés aux lignes électriques (EBF/ELF) ou aux ondes radioélectriques.
- Les cellules réagissent à des CEM/EMF potentiellement nocifs en produisant des protéines de stress (les « heat shock proteins », des protéines de choc thermique, abrégé HSP)
- L'interaction directe des EBF/ELF et des MO/RF avec l'ADN est désormais prouvée. Les deux activent la synthèse de protéines de stress.
- Le processus biochimique activé est le même, qu'il s'agisse de EBF/ELF ou de MO/RF, et il est non thermique.
- De nombreux systèmes biologiques sont affectés par les CEM/EMF (autrement dit, les EBF/ELF comme les MO/RF déclenchent l'apparition de protéines de stress)
- De nombreuses fréquences sont actives. Les seuils nécessaires sont très bas, autant en termes de force du champ que de durée d'exposition.
- Les mécanismes moléculaires à très basse énergie sont des vecteurs plausibles de maladies (cf. effet du taux de transfert d'électrons liés au dommage oxydatif, l'activité de l'ADN lié à une mutation ou une biosynthèse aberrantes). Les cellules réagissent à un CEM/EMF comme potentiellement nocif.
- De nombreuses pistes de recherche mettent désormais en évidence les changements des transferts d'électrons dans l'ADN comme un mécanisme plausible d'action résultant de EBF/ELF et de MO/RF non thermiques
- La même réponse biologique (production de protéines de stress) en présence d'un CEM/EMF peut être obtenue avec différentes portions du spectre EM. Les interactions directes des EBF/ELF et des MO/RF avec l'ADN sont connues. Tous deux activent la synthèse de protéines de stress.

- Les seuils déclencheurs de stress dans les systèmes biologiques se situent pour les EBF/ELF à des niveaux ambiants de l'ordre de 0,5 à 1 μT.
- Les dommages et cassures de brins d'ADN, une cause de cancer, surviennent à des niveaux de EBF/ELF et de MO/RF bien inférieurs aux seuils de protection. De plus, il n'y a aucune protection contre les effets cumulés occasionnés par les différentes bandes de fréquences du spectre électromagnétique.
- La base scientifique des limites de protection concernant les CEM/EMF est biaisée lorsqu'un même mécanisme biologique est activé dans des gammes de fréquences de EBF/ELF et MO/RF selon des niveaux de DAS très différents. L'activation de l'ADN qui l'amène à synthétiser des protéines de stress est stimulée dans les EBF/ELF à des niveaux non thermiques de DAS un milliard de fois plus faible que la même réponse provoquée à un niveau thermique par des MO/RF.
- Il faut remplacer la norme thermique par une norme biologique qui protégera également contre les effets cumulés de l'ensemble du spectre électromagnétique.
- Si l'on prend en compte les études sur les protéines de stress, le débit d'absorption spécifique (DAS, SAR en anglais) n'est pas l'unité appropriée pour mesurer la dose ou le seuil biologique. Il ne devrait pas être utilisé pour définir des normes dans la mesure où il ne traite que des effets thermiques.

Section 8

Effets sur le système immunitaire

- Les études faites sur l'animal comme sur l'homme montrent de grands changements immunologiques lors d'une exposition à des champs électromagnétiques (CEM/EMF) présents dans l'environnement. Certains de ces niveaux d'exposition sont similaires à ceux produits par les technologies sans fil présentes dans la vie quotidienne.
- Des changements physiologiques mesurables (par exemple les globules blancs appelés mastocytes présents dans les tissus) qui sont les premiers indicateurs d'une situation inflam-

matoire et d'une réponse allergique sont induits par l'exposition aux CEM/EMF.

- L'exposition chronique à des facteurs augmentant les réponses allergiques ou inflammatoires peut être nocive pour la santé à long terme.
- Il est possible que des situations de "provocation chronique" due à l'exposition à des CEM/EMF puissent entraîner des dysfonctionnements du système immunitaire, des réponses allergiques chroniques, des réponses inflammatoires et une santé déficiente si ces situations surviennent continuellement. C'est un sujet important pour les recherches futures.
- Les études sur l'exposition à différentes sortes d'équipement moderne et/ou sources de EMF/CEM ont spécifiquement montré une réaction exacerbée du système immunitaire avec : des altérations morphologiques des cellules immunitaires ; une nette hausse des mastocytes dans les couches superficielles de la peau ; un grossissement et une dégranulation accrue des mastocytes chez les individus électrosensibles ; la présence des marqueurs biologiques de l'inflammation réagissant à des expositions CEM/EMF à des niveaux de puissance non thermique ; des modifications de la viabilité des lymphocytes ; un nombre réduit de cellules NK (les « natural killer » de l'immunité innée chez les mammifères, NdT) ; un nombre réduit de lymphocytes T ; un effet négatif sur la grossesse (avec des perturbations de la circulation uteroplacentaire ou du placenta, avec de possibles risques sur la grossesse) ; une fonction immunitaire réduite ou supprimée ; et des réponses inflammatoires qui peuvent, en dernier ressort, mener à des dommages cellulaires, dans les tissus et les organes.
- Des individus déclarent souffrir d'hypersensibilité électrique aux États-Unis, en Suède, au Danemark, en Allemagne, en Suisse et dans de nombreux autres pays à travers le monde. Les estimations donnent entre 3 à 10 % de la population touchée. Le développement de ce trouble sanitaire, croissant, est synonyme de pertes de productivité et de journées de travail.
- La revue effectuée par l'OMS et l'IEEE ne contient pas tous les articles et travaux cités ici. Ce qui amène en conclusion

que des preuves ont été ignorées dans l'actuel aide-mémoire de l'OMS, et dans les nouvelles recommandations de limites de protection du public proposé par l'IEEE en avril 2006 (C95.1 MO/RF).

- Si l'on s'en tient aux études sur le système immunitaire, les limites internationales actuelles de protection du public des CEM/EMF ne semblent pas suffisantes pour protéger la santé publique. De nouvelles normes basées sur des critères biologiques sont nécessaires pour prendre en compte les effets à faible puissance sur la santé et le système immunitaire relevés par les travaux scientifiques.

Section 9

Neurologie et troubles du comportement

- Les effets sur les fonctions cognitives et neurophysiologiques sont assez bien établis.
- Les études effectuées par électro encéphalogramme (EEG) et les potentiels évoqués sur des cobayes humains exposés aux rayonnements des téléphones mobiles ont montré une prédominance d'effets positifs (« positif », signifiant que l'exposition a la capacité de modifier l'activité cérébrale même à des niveaux d'exposition où aucun effet n'est attendu, si l'on s'appuie sur les seuils de protection habituels)
- On peut difficilement mettre en doute que les champs électromagnétiques émis par les téléphones mobiles et l'utilisation d'un téléphone mobile affectent l'activité électrique du cerveau.
- Les conséquences comportementales de ces changements neurophysiologiques ne sont pas toujours prévisibles. La recherche en électrophysiologie montre également que les effets dépendent de l'activité ou "charge" mentale des sujets durant l'exposition, c'est-à-dire de la complexité de la tâche que le sujet est en train de faire.

- La plupart des études réalisées jusqu'ici sont des expériences d'exposition à court terme, alors que les téléphones mobiles causent à long terme des expositions répétées du cerveau.
- Dans les plupart des expériences sur le comportement, des effets ont été observés après la fin de l'exposition aux hyperfréquences. Dans certaines expériences, les tests ont été faits plusieurs jours après l'exposition. Tout cela suggère un changement persistant du système nerveux après exposition aux hyperfréquences.
- Dans de nombreuses occasions, les effets neurologiques et comportementaux ont été observés avec des DAS inférieurs à 4 W/kg. Ce qui contredit directement les postulats à la base des recommandations de l'IEEE.
- Attention à ne pas conclure que l'effet neurologique est uniquement le résultat de l'action des hypertéquences sur le système nerveux central. Car il est bien connu que les fonctions du système nerveux central peuvent être affectées par l'activité du système nerveux périphérique.

Section 10-1

Tumeurs cérébrales et épidémiologie

- Il n'existe que peu d'études sur les tumeurs cérébrales et l'exposition à long terme à de faibles niveaux de MO/RF. Toutes ont toutefois des limites méthodologiques, incluant un manque de données quantitatives sur le niveau d'exposition. Étant donné les catégories approximatives d'exposition et la facilité d'un biais tendant vers l'hypothèse nulle, d'une absence de corrélation, l'état des connaissances tend à prouver un niveau de risque modérément élevé.
- Des études en milieu professionnel indiquent qu'une exposition à long terme sur le lieu du travail peut être associée à un risque accru de tumeur cérébrale.
- Bien que la population concernée par ce risque soit réduite (moins de 4 % environ), plus de 1 000 cas par an peuvent être attribués aux États-Unis à la seule exposition aux MO/RF en

milieu professionnel. En l'absence d'études conclusives sur l'exposition professionnelle aux MO/RF et les tumeurs cérébrales, il est impossible de donner une estimation de l'augmentation potentielle du risque.

- Globalement, les résultats montrent qu'une exposition à long terme à des niveaux de puissance généralement inférieure aux limites en vigueur entraîne une augmentation du risque d'incidence sur des tumeurs cérébrales.
- Les études épidémiologiques comme celles répertoriées dans la réactualisation 2006 du C95.1 de l'IEEE sont insuffisantes au point que l'ensemble de l'analyse est professionnellement inacceptable. On ne peut tolérer ni la mise à l'écart des études épidémiologiques liant l'exposition aux hyperfréquences à des conséquences comme le cancer, ni toutes les conclusions que tire l'IEEE de cette analyse biaisée.

Section 10-2

Tumeurs cérébrales et neurinomes acoustiques

- Les études menées sur les tumeurs cérébrales et l'usage durant dix ans ou plus d'un téléphone mobile donne une tendance cohérente, celle d'un risque accru de gliome (une variété de tumeur cérébrale dérivée des cellules gliales, NdT) et de neurinome acoustique (tumeur bénigne du nerf auditif, NdT).
- L'utilisation d'un téléphone mobile sur dix ans ou plus donne la tendance cohérente d'un risque accru de gliome et de neurinome acoustique, notamment de gliome de haut niveau. Le risque est le plus haut du côté de l'exposition (ipsilatéral).
- L'utilisation d'un téléphone mobile depuis dix ans ou plus augmente le risque d'un neurinome acoustique de 30 % (lorsque le téléphone est utilisé des deux côtés de la tête) à 240 % (utilisé habituellement d'un seul côté). Cette information repose sur la métanalyse de plusieurs études de référence. Au sujet des neurinomes acoustiques, les études de Lönn *et al.* (2004), Christensen *et al.* (2004), Schoemaker *et*

al. (2005), Hardell *et al.* (2006a), donnent toutes des résultats après une période de latence sur dix ans ou plus. (Avec une fiabilité statistique de OR = 1.3, 95 % CI = 0.6-2.8, grimpant à OR = 2.4, 95 % CI = 1.1-5.3 en cas d'utilisation ipsilatérale du téléphone mobile (Lönn *et al.*, 2004, Schoemaker *et al.*, 2005, Hardell *et al.*, 2006).

- Des observations sont venues confirmer l'association mise en évidence entre le neurinome acoustique et l'utilisation d'un téléphone mobile depuis que certaines études ont montré que la tumeur est souvent située dans une zone anatomique soumise à une haute exposition lors des appels avec un téléphone mobile ou sans fil (Hardell *et al.*, 2003).
- L'utilisation du téléphone mobile durant au moins dix ans augmente le risque de tumeurs des cellules gliales du cerveau (gliome) de 20 % lorsqu'il a été utilisé des deux côtés de la tête, jusqu'à 200 % en cas d'utilisation d'un seul et même côté (usage ipsilatéral). Ce bilan découle de la méta analyse de plusieurs études majeures. Pour le gliome OR = 1.2, [95 % CI = 0.8-1.9] a été calculé (Lönn *et al.*, 2005, Christensen *et al.*, 2005, Hepworth *et al.*, 2006, Schüz *et al.*, 2006, Hardell *et al.*, 2006b, Lahkola *et al.*, 2007). L'utilisation ipsilaterale a rapporté : OR = 2.0, [95 % CI = 1.2-3.4] (Lönn *et al.*, 2005, Hepworth *et al.*, 2006, Hardell *et al.*, 2006b, Lahkola *et al.*, 2007).
- Un risque accru de neurinome acoustique et de différents degrés de gliome est également associé à l'usage des téléphones sans fil domestique (de type DECT, NdT) (Hardell *et al.*, 2006 a,b).
- L'augmentation du risque de neurinome acoustique lié à l'utilisation durant dix ans ou plus d'un téléphone sans fil domestique culmine à 310 % lorsque le téléphone est en général toujours utilisé du même côté de la tête (Hardell *et al.*, 2006a).
- L'augmentation du risque de gliome de degré élevé lié à l'utilisation durant dix ans ou plus d'un téléphone sans fil domestique est 220 % plus élevé quand le téléphone sans fil est utilisé de part et d'autre de la tête, et jusqu'à 470 % plus élevé lorsqu'il a été utilisé toujours du même côté (Hardell *et al.*, 2006b).

- L'augmentation du risque des gliomes degré II lié à l'utilisation durant dix ans ou plus d'un téléphone sans fil domestique est 60 % plus élevé lorsque le téléphone sans fil est utilisé de part et d'autre de la tête, et jusqu'à 320 % plus élevé lorsqu'il a été utilisé toujours du même côté. (Hardell *et al.*, 2006b)
- Les normes actuelles portant sur l'exposition aux micro-ondes durant l'utilisation d'un téléphone mobile ou d'un téléphone sans fil ne sont pas efficaces si l'on considère les études portant sur le risque à long terme de tumeurs du cerveau.

Section 11

Leucémie

- L'état des connaissances suggère que la leucémie infantile est associée à une exposition aux champs EMF des lignes électriques durant la grossesse ou les premiers âges de la vie.
- Si l'on considère seulement les EBF/ELF en général (les densités du flux du champ magnétique), la population soumise au risque est faible à modérée. Toufois, la possibilité existe que d'autres paramètres d'exposition interviennent et soient bien plus fortement corrélés aux leucémies infantiles, représentant une proportion substantielle des cas. La fraction de la population concernée varie autour des 1 à 4 % (Kheifets *et al.*, 2007) ; 2 à 4 % (Greenland & Kheifets 2006) ; et 3,3 % (Greenland, 2001) si l'on ne prend en compte que les expositions supérieures à 3 ou 4 mG (0,3 ou 0,4 μT). Toutefois, si ce n'est pas l'intensité moyenne des EBF/ELF qui est le paramètre causal des leucémies infantiles, la portion de la population touchée peut être bien plus importante. Alors, jusqu'à 80 % des leucémies infantiles pourraient être causées par une exposition aux EBF/ELF.
- Hormis la leucémie, les autres cancers infantiles n'ont pas été étudiés assez précisément pour tirer des conclusions sur l'existence et, le cas échéant, sur l'importance du risque.
- Les seuils établis par l'IEEE sont conçus pour protéger d'effets immédiats, à court terme. Des effets à long terme tels que le

cancer sont suggérés à des niveaux dont les ordres de magnitude sont bien inférieurs aux limites officielles actuelles.

- Des mesures devraient être prises afin de garantir que l'exposition due aux lignes de transmission et de distribution électrique soit inférieure à une valeur moyenne de 1 mG (0,1 µT). Des mesures de précaution sont nécessaires afin de réduire tous les aspects de l'exposition.

Section 12

Mélatonine, maladie d'Alzheimer et cancer du sein

- Il y a de fortes preuves épidémiologiques qu'une exposition à long terme aux champs magnétiques très basse fréquence constitue un facteur de risque de la maladie d'Alzheimer.
- Nous savons aujourd'hui que premièrement des hauts niveaux de béta-amyloïde périphérique constituent un facteur de risque de la maladie d'Alzheimer, et que deuxièmement l'exposition à des champs magnétiques moyens ou élevés peut augmenter le taux de béta-amyloïde périphérique. Des niveaux élevés de béta-amyloïde périphérique dans le cerveau sont aussi un facteur de la maladie d'Alzheimer, et l'exposition des cellules cérébrales à des champs magnétiques de puissance moyenne ou élevée augmente aussi la production d'amyloïde béta par ces cellules.
- De nombreux travaux réalisés in vitro ou chez l'animal ont montré que la mélatonine protège contre la maladie d'Alzheimer. C'est pourquoi il est raisonnable d'envisager qu'un faible taux de production de mélatonine soit associée avec un risque accru de maladie d'Alzheimer.
- Le nombre d'études est trop insuffisant pour pouvoir émettre un avis sur le fait qu'une exposition à un champ magnétique haute fréquence est un facteur de risque de maladie d'Alzheimer.
- Certaines études sur les EMF montrent une réduction du taux de mélatonine. Il existe suffisamment d'indices issus d'études réalisées in vitro ou sur l'animal, d'études sur les marqueurs biologiques humains, d'études de la médecine du travail sur

le travail de nuit, ou d'une simple étude longitudinale avec une série d'échantillons d'urine assez représentatifs pour conclure que l'exposition à des champs magnétiques de forte puissance peut être un facteur de risque du cancer du sein.

- Des études de cas témoins ont fourni des preuves solides que l'exposition professionnelle, à long terme, à des champs magnétiques très basse fréquence de forte puissance (> 10 mG ou 1 µT) est un facteur de risque du cancer du sein.
- Les couturières sont, de fait, l'une des professions les plus exposées, avec des niveaux d'exposition en général supérieures à 10 mG (1 µT) durant une part significative de leur journée de travail. Ce sont elles qui présentent, de façon constante, un risque très élevé à la maladie d'Alzheimer et au cancer du sein. Ce métier mérite une attention particulière au cours des études à venir.
- Il n'existe aucune étude sur les champs magnétiques haute fréquence ou hyperfréquence excluant les champs magnétiques basse fréquence. Ainsi, la possibilité que des champs magnétiques haute fréquence ou hyperfréquence puissent participer au cancer du sein ne peut être estimée pour l'instant.

Section 13

Mélatonine, études animales et in vitro

- Une association entre les CEM/EMF basse fréquence et le cancer du sein est fortement suggérée dans la littérature scientifique par une constellation de résultats convergents et se renforçant l'un l'autre, obtenus par études in vitro ou sur l'animal.
- Les EBF/ELF réduisent l'effet oncostatique de la mélatonine et du tamoxifène sur les cellules humaines du cancer du sein à des niveaux d'exposition ambiants de 6 à 12 mG (0.6 à 1,2 µT). Les études épidémiologiques menées au cours des deux dernières décennies ont relevé un risque accru du cancer du sein, chez l'homme comme chez la femme, suite à des expositions professionnelles ou à domicile. Des études ont montré

chez l'animal une association entre l'exposition à des EBF/ELF et la hausse de la taille et de l'incidence des tumeurs mammaires.

- Les limites de l'exposition du public aux EBF/ELF devraient être revues de façon à refléter le risque accru de cancer du sein relevé à des niveaux ambiants de 2 ou 3 mG (à,2 ou 0,3 µT). Voire quasi-certain à 4 mG (0,4 µT).

Section 14

Effets des modulations de fréquences

- Il existe des preuves scientifiques substantielles que certaines modulations de champs (pulsés ou répétés) sont bioactives, ce qui augmente la probabilité que ces modulations puissent avoir un impact sur la santé en cas d'exposition chronique même à des niveaux d'exposition très faibles.
- La modulation de fréquence peut interférer avec des processus biologiques naturels et non linéaires.
- La modulation est un facteur fondamental qui devrait être pris en compte dans les nouvelles normes de protection du public. Aujourd'hui, ce facteur n'y contribue même pas.
- Afin de correctement évaluer les impacts biologiques et sanitaires de l'exposition aux ondes MO/RF modulées – les porteuses –, il est essentiel d'étudier l'impact du signal modulateur (des champs de fréquences inférieures tels que des MO/RF modulées par EBF/ELF)
- Les normes actuelles ignorent la modulation en tant que facteur impactant la santé humaine. Elles sont inadéquates à la protection du public lors d'exposition chronique à certaines formes de modulation basse fréquence de signaux hyperfréquences.
- Les normes actuelles de l'IEEE et de l'ICNIRP ne sont pas suffisamment protectrices de la santé publique si l'on prend en compte l'exposition chronique aux modulations de fréquences (en particulier avec les nouvelles technologies dont les impulsions basse fréquence sont massivement utilisées dans la téléphonie mobile)

- Les études et travaux de recherche sur les modulations de fréquences semblent avoir été omis des revues récentes de la littérature scientifique réalisées par l'OMS et l'IEEE. Ce corpus de connaissances est ignoré des organismes fixant les standards en vigueur et qui ne se basent que sur les effets thermiques.
- De nouvelles recherches sont nécessaires pour déterminer quels facteurs et quelle combinaison de facteurs, sont bioactifs et délétères à faible puissance, et susceptibles de produire des processus pathologiques. Toutefois, cela ne doit pas retarder la mise en œuvre d'actions préventives, au service de la santé publique et du bien-être.
- Si le développement des nouvelles technologies sans fil implique par exemple une modulation des fréquences, il semble pertinent d'exploiter les informations scientifiques disponibles afin d'éviter les paramètres d'exposition les plus délétères et de sélectionner ceux qui sont les moins probables d'interférer avec les processus biologiques naturels.
- La participation aux comités d'évaluation des risques doit devenir plus ouverte, en ajoutant des scientifiques ayant conduit des recherches sur les effets biologiques non thermiques.
- Les pratiques de ségrégation actuelles des investigations scientifiques (et des niveaux de protection du public) via une division artificielle des fréquences du spectre électromagnétique doivent être changées. Cette approche dilue l'impact des résultats scientifiques essentiels et élimine la prise en compte de la modulation de fréquence. Réduisant et détournant ainsi de tout processus d'évaluation l'état des connaissances existantes.

Section 15

Utilisation thérapeutique des EBF/ELF de faible puissance

- Les CEM peuvent être cause de maladies mais aussi être utilisés pour le traitement de maladies (à des niveaux bien inférieurs aux seuils limites d'exposition du public)

- Les champs électromagnétiques sont largement utilisés dans le cas d'applications médicales thérapeutiques.
- La preuve de leur efficacité a été démontrée lors de nombreuses applications cliniques à base de très basses fréquences ou d'hyperfréquences de basse intensité.
- L'efficacité des CEM/EMF dans le traitement de maladies a été démontrée à des niveaux d'énergie bien inférieurs aux normes d'exposition actuels.
- Une exposition aux CEM/EMF tous azimuts est déconseillée et néfaste même aux niveaux d'exposition courants.
- Les multiples sources d'exposition aux CEM/EMF dans la vie de tous les jours et les expositions cumulées à des combinaisons de CEM/EMF potentiellement nuisibles sont ignorées. Nous n'avons même pas commencé à les étudier correctement.

Section 16

Principe de précaution

- Le principe de précaution a été édicté pour justifier l'action politique publique en matière de protection de la santé lorsqu'il existe des dangers plausibles, sérieux et irréversibles, liés à des expositions actuelles et futures, et lorsqu'il existe des incertitudes, un manque de connaissance scientifique. Toutes ces circonstances s'appliquent aux CEM/EMF.
- L'histoire nous enseigne que l'application de mesures de précaution proportionnées prises dès les premières alertes permet d'éviter les coûts encourus avec l'amiante, le tabac, les PCB, les rayons X, etc. De telles leçons s'appliquent à la problématique des CEM/EMF.
- Afin de ne pas compromettre l'intégrité scientifique, les décideurs doivent prendre en considération les biais que peut rencontrer la médecine environnementale dans la recherche de véritable danger. Cependant, ces biais peuvent conduire à mettre en danger la santé et l'environnement.

- Le principe de précaution se base sur différents niveaux de preuve (ou forces de l'évidence) pour justifier d'éventuelles réductions des niveaux d'exposition. Le niveau de preuves choisi dépend de facteurs tels que la nature et de la balance des coûts engendrés par le fait d'agir, ou de ne pas agir ; le bénéfice du produit ou de la substance en question, la disponibilité d'alternatives, etc. Attendre de hauts niveaux de preuves scientifiques de causalité, ou de connaissance des mécanismes en action, peut s'avérer très onéreux en termes de dommages de compensation, soins, perte de travail et perte de crédibilité des scientifiques.
- Le niveau de preuve choisi pour justifier l'action ne détermine aucune mesure ou type d'action particulier. Il dépend de facteurs tels que les coûts des différentes mesures, les capitaux, les origines du risque volontaire ou imposé, etc.
- Il faut impliquer les parties prenantes afin qu'elles contribuent à cadrer les problèmes de gestion de risques, à choisir les niveaux de preuve appropriés et les types d'action à mener pour réduire l'exposition.

Section 17

Recommandations de santé publique et éléments scientifiques clés

- Nous ne pouvons plus nous permettre la politique du « nous restons ouverts pendant les travaux ». Il est temps que l'implantation de nouvelles lignes électriques ou la construction de nouvelles maisons, écoles et des espaces de vie qui les entourent soit pensées dans une optique d'environnement à faible émission d'EBF/ELF. Le déploiement actuel de nouvelles technologies sans fil, tout à fait dans l'optique « nous restons ouverts pendant les travaux », peut s'avérer à terme risqué et plus difficile à modifier si la société ne prend pas rapidement des décisions sur les limites. La recherche doit continuer pour définir quels niveaux de MO/RF liés aux nouvelles technologies sans fil sont acceptables ; mais continuer la recherche de doit pas être un prétexte pour éviter ou retarder des modifications substantielles qui permettront à terme de nous épargner des coûts supplémentaires en argent, en vie et en malaise social.

- De nouvelles régulations concernant les limites d'EBF/ELF sont justifiées. Les limites d'exposition doivent se situer en deçà des niveaux répertoriés comme facteurs de leucémies infantiles, en y ajoutant une marge de sécurité. Il n'est plus acceptable que l'on installe de nouvelles lignes et de nouvelles installations électriques qui placent les populations dans des environnements EBF/ELF reconnus comme facteurs de risque – à partir de 2 mG (0.2 μT).
- Les nouvelles limites et les implémentations concernant les EBF/ELF devraient, dans une approche raisonnable, être de 1mG (0,1μT) pour les espaces de vie adjacents à toute nouvelle ligne ou ligne modernisée, et de 2 mG (0.2 μT) pour toute autre nouvelle construction. Il est aussi recommandé que soit établie une limite de 1 mG (0.1 μT) pour ce qui concerne l'habitat existant où résident des enfants et/ou des femmes enceintes. Cette recommandation est basée sur l'hypothèse qu'une plus haute charge de protection est nécessaire pour les enfants qui ne peuvent se protéger eux-mêmes et qui risquent la leucémie infantile dans des proportions qui suffiraient habituellement à entraîner une action de régulation. Cette situation justifie tout particulièrement l'extension de la limite de 1 mG (0.1 μT) aux lieux de vie existants. Cela sous-entend également probablement une information du public par les agences sanitaires concernées.
- Il n'est bien sûr pas réaliste de reconstruire tous les systèmes de distribution électrique existants à court terme, cependant les étapes pour réduire l'exposition aux systèmes actuels doivent être initiées, et devraient être spécifiquement encouragées pour ce qui concerne les lieux où sont amenés à séjourner des enfants.
- Une valeur limite de précaution de 0.1 μW/cm² (c'est-à-dire 0,614 volt par mètre) devrait être adoptée pour ce qui concerne l'exposition extérieure et cumulative aux MO/RF. Cela tient compte de l'état des connaissances et relève d'une politique de santé publique prudente qui devrait être établie pour l'exposition ambiante aux MO/RF pulsées dans les endroits où

les populations vivent, travaillent, et vont à l'école. Ce seuil concerne l'exposition du corps entier, et il peut s'agir d'une exposition chronique dans les lieux de couverture sans fil pour la transmission du son et des données pour les téléphones mobiles, les pagers, les PDA et les autres sources de rayonnement par radiofréquences. Bien que quelques études et des recueils d'information sur le terrain fassent état de problèmes de santé relevés à des niveaux plus faibles, cette nouvelle limite pourrait cependant dans l'immédiat suffire à diminuer le risque pour les populations soumises aux expositions les plus disproportionnées. Par ailleurs, ce niveau ne prévient pas des développements futurs des technologies Wi-Fi. Nous recommandons également des alternatives par câble aux systèmes Wi-Fi, en particulier dans les écoles et les bibliothèques, afin que les enfants ne soient pas soumis à de forts niveaux de MO/RF avant que l'on en sache davantage sur les éventuels effets sur la santé. Cette recommandation peut être considérée comme une limite de précaution intermédiaire susceptible d'orienter vers des actions préventives, et des mesures plus strictes pourront s'avérer nécessaires dans le futur.

- De nouvelles normes limites de sécurité doivent être développées et implémentées pour les EBF/ELF (fréquences électriques à 50Hz et 60Hz), elles doivent se situer en deçà des niveaux répertoriés comme facteurs de leucémies infantiles, en y ajoutant une marge de sécurité.
- Il est nécessaire de prodiguer aux services de distribution électrique des conseils sur la nécessité de réduire les expositions aux EBF/ELF dans les lieux existants et lors de la construction de nouvelles lignes et stations. La réduction des sources d'EBF/ELF supérieures à 1 mG (0.1 μT) doit être encouragée, en particulier lorsque des enfants, des femmes enceintes ou susceptibles de l'être passent une partie significative de leur temps à proximité.
- Les demandes de mesure et de contrôle d'émission des EBF/ELF et MO/RF devraient être fournies par les compagnies (pour les lignes électriques et les EBF/ELF dans les habitations) et par les employeurs (pour l'exposition professionnelle

aux EBF/ELF et MO/RF), qui devront fournir aux demandeurs les résultats complets de ces études.

- Les organisations et les agences sanitaires internationales doivent émettre des conseils de santé public à l'adresse des populations exposées à des niveaux d'EBF/ELF et MO/RF susceptibles d'accroître les risques de cancers et maladies neurodégénératives, de stress, de troubles de la mémoire, de la cognition, des défenses immunitaires... Ces conseils doivent s'appliquer aussi bien à l'exposition professionnelle qu'à l'exposition domestique.
- Un bureau central devra réaliser une information fiable et impartiale et la mettre à la disposition du public. L'information scientifique, l'information sur la santé publique et sur les choix politiques doivent émaner de revues indépendantes et accessibles au public à un prix abordable. Les articles sur la recherche et les stratégies de précaution doivent être disponibles en plusieurs langues.
- Le design des téléphones mobiles et autres appareils sans fils doit être repensé afin de ne fonctionner qu'en mode haut-parleur ou texte.
- Il faudra placer dans les lieux de vente et dans les publicités pour les téléphones mobiles et autres appareils sans fils des restrictions pour les enfants de 0 à 18 ans.
- Tous les pays devront continuer à procurer un service de téléphonie par câble, et devront être fortement découragés de le supprimer, y compris les cabines téléphoniques dans les lieux publics.
- Les fabricants de tous types d'appareils sans fil devront mettre en évidence sur le packaging (et non caché à l'intérieur) toutes les informations concernant le niveau de DAS ainsi que les avertissements restrictifs et précautions à respecter. Les appareils sans fil générant de forts niveaux de MO/RF devront être appelés à avertir l'utilisateur des effets possibles sur la mémoire, l'apprentissage, les fonctions cognitives, les troubles du sommeil et du comportement, la fatigue, le bourdonnement dans les oreilles (tinnitus), les baisses des fonctions immunitaires et autres symptômes.

- Les étiquettes d'avertissement sur les téléphones mobiles, les PDA et autres appareils sans fil sont nécessaires pour alerter les usagers des très fortes émissions d'EBF/ELF à l'allumage de la batterie, et il est également nécessaire de mettre en évidence les mesures susceptibles de réduire l'exposition (ne pas porter sur ou près du corps en position ON-RECEPTION ; n'utiliser qu'avec des écouteurs ou sur mode haut-parleur, etc.).
- Il conviendra d'informer le public d'une manière claire et accessible sur les lieux et les caractéristiques techniques de toutes les antennes sans fil, afin que chacun puisse choisir où il vit, travaille, fait ses courses ou envoie ses enfants à l'école en toute connaissance de cause. Une telle information devra obligatoirement inclure les expositions cumulatives aux MO/RF basées sur les calculs du bulletin OET 65 de la FCC (ou équivalent) au niveau du sol, et au niveau du 2e étage, à distance de 15 mètres des équipements, et à une densité limite de 0,614 V/m (0.1 $\mu W/cm^2$). La signalisation à destination du public devra être une condition obligatoire d'autorisation pour chaque site, et devra être réactualisée. Les agences publiques qui autorisent et contrôlent les sites devront demander aux opérateurs d'identifier les lieux d'émission sans fil.
- Les zones de téléphone mobile et Wi-Fi gratuites devront être établies dans des endroits où le public se réunit et devront offrir des conditions de sécurité raisonnables, y compris dans les aéroports, les centres commerciaux, les hôpitaux, les bibliothèques, les cliniques, les maisons de convalescence et de retraite, les théâtres, les restaurants, les parcs etc.
- Les agences sanitaires et les autorités scolaires devront fermement décourager ou interdire la construction de pylônes d'antennes sur les bâtiments scolaires ou à proximité (dans un rayon de 300 mètres) et devront ajourner toute installation de réseau Wi-Fi dans les salles de classe, les crèches et les centres de loisirs. Elles devraient même supprimer ou désactiver les installations sans fil existantes, ou devront être susceptible de proposer des salles de classe exemptes de rayonnement de MO/RF pour les familles qui ne souhaitent pas que leurs enfants soient involontairement exposés.

10 Les liens utiles

CRIIREM

Le Centre de recherche et d'informations indépendantes sur les rayonnements électromagnétiques. À la fois laboratoire de recherche et centre de documentation, l'action de cette association porte sur les effets des ondes électromagnétiques sur le vivant.
www.criirem.org

ROBIN DES TOITS

L'association Robin des Toits a pour objet d'assister et de fédérer les personnes et les collectifs qui luttent pour la sécurité sanitaire des populations exposées aux nouvelles technologies de télécommunications sans fil.
www.robindestoits.org

BIO-INITIATIVE

Rapport recensant 1 500 études indépendantes donnant les arguments pour définir des seuils de protection du public fondés sur les effets biologiques des rayonnements électromagnétiques. (en anglais)
www.bioinitiative.org

ELECTROSENSIBLE.ORG

Collectif pour la reconnaissance et la défense des personnes électrosensibles.
www.electrosensible.org

WWW.001.BE.CX

Un outil citoyen pour luter contre la pollution électromagnétique des téléphones mobiles et des antennes.
www.001.be.cx

NEXT UP

Une véritable source d'informations sur tout ce qui traite des CEM.
www.next-up.org

PRIARTEM

Priartem est une toute jeune association (créée en octobre 2000). Son objectif est de lutter contre la prolifération incontrôlée des implantations d'antennes relais de téléphonie mobile sur notre territoire national.
www.priartem.fr

RÉSEAU SORTIR DU NUCLÉAIRE

Fédération de 800 associations luttant contre le développement de centrales nucléaires et lignes haute tension.
www.sortirdunucleaire.org

ELECTROSMOGPROTEC

Annuaire de techniciens spécialisés dans les pollutions électromagnétiques.
www.electrosmogprotec.com

CARTORADIO

Site de l'agence nationale des fréquences permettant de localiser les antennes relais proches de chez vous.
www.cartoradio.fr

FOURNISSEURS DE MATÉRIEL

Voici la liste des fournisseurs :

www.electromagnetique.com

www.electropollutions.eu

www.etudesetvie.be

http://acceme.free.fr

www.electricite-biotique.net

www.expercem.com

www.bioelec.ch

11 Bibliographie

Guide de l'électricité biocompatible, Claude Bossard, Éditions des dessins et des mots.

Guide pratique de l'habitat sans nocivité pour la santé, Thierry Gautier, Éditions Conscience verte.

L'Habitat sain Electrosmog, J.M. Danze, P. Le Ruz, M. Bousquet, B. Louppe, Éditions Marco Pietteur.

Pollutions électromagnétiques, B. Louppe, Éditions Nature et progrès.

Faire le bio-bilan de sa maison, Isabelle Jouhanneau, Éditions Eyrolles.

Votre GSM, votre santé, on vous ment, Éditions Marco Pietteur.

Électricité comme un pro, T. Gallauziaux et D. Fédullo, Éditions Eyrolles.

Les Évolutions de la norme électrique, T. Gallauziaux et D. Fédullo, Éditions Eyrolles.

12

Index

Symboles

A

B

C

D

Dépôt légal : octobre 2009
N° d'éditeur : 8077
IMPRIMÉ EN FRANCE

Achevé d'imprimer le 15 octobre 2009
sur les presses de l'imprimerie « La Source d'Or »
63039 Clermont-Ferrand
Imprimeur n° 12486

*Dans le cadre de sa politique de développement durable,
La Source d'Or a été référencée IMPRIM'VERT®
par son organisme consulaire de tutelle.
Cet ouvrage est imprimé - pour l'intérieur -
sur papier recyclé « Cyclus Offset » 100 g
des Papeteries de France, fabriqué avec une pâte sans chlore
répondant à la certification TCF et à l'écolabel « Ange Bleu ».
L'usine opère selon les certifications environnementales
ISO 9001, 14001 et EMAS.*